国家自然科学基金资助项目

西北荒漠化地区生态民居模式

张　群　著

U0321030

中国建筑工业出版社

图书在版编目（CIP）数据

西北荒漠化地区生态民居模式 / 张群著 . —北京：中国建筑
工业出版社，2016.1
　ISBN 978-7-112-18712-6

Ⅰ.①西…　Ⅱ.①张…　Ⅲ.①干旱区—民居—居住模式—
研究—西北地区　Ⅳ.①TU241.5

中国版本图书馆CIP数据核字（2015）第278329号

本书运用生态学观点，从"人、建筑与环境"三者之间相互关系角度出发，探讨了地区民居建筑
起源与发展的主要动因、矛盾和缺陷，阐明了民居建筑从简单到复杂、从被动适应到主动控制的演变规
律，提出了"满足居住需求"是民居建筑演进的原始动力，"科技进步"是建筑发展的支撑条件，阐述
了民居建筑基本目标（庇护）的惟一性和建筑表现形式的多样性观点。

本书可供建筑设计人员、民居研究人员及有关专业师生参考。

责任编辑：许顺法
书籍设计：京点制版
责任校对：刘　钰　赵　颖

　　　　　　西北荒漠化地区生态民居模式
　　　　　　张　群　著
　　　　　　　　＊
　　　　　中国建筑工业出版社出版、发行（北京西郊百万庄）
　　　　　各地新华书店、建筑书店经销
　　　　　北京京点图文设计有限公司制版
　　　　　环球东方（北京）印务有限公司印刷
　　　　　　　　＊
　　　　　开本：787×1092 毫米　1/16　印张：12¼　字数：259千字
　　　　　2016年1月第一版　2016年1月第一次印刷
　　　　　定价：**38.00** 元
　　　　　ISBN 978-7-112-18712-6
　　　　　　（27934）

　　西北荒漠化地区地处中国内陆腹地，这里自然条件恶劣、生态环境脆弱、民族众多、宗教文化丰富、经济发展相对落后、建筑类型丰富多彩。在长期的演进过程中，荒漠化地区传统建筑发展和形成了一套应对干热干冷、冬季严寒、夏季酷暑、有限资源供应、施工技术水平低下等在内的一整套技术体系，以较低的技术成本、经济投入和物质资源消耗，做到了与环境的协调共生，在很长一段历史时期内满足了人们的基本生存环境需求。

　　西北荒漠化地区乡村建筑发展面临障碍。改革开放后，伴随着城市型文化扩张、工业化建造技术推广和现代化生活方式普及等多重因素影响，西北荒漠化地区地域建筑演进的轨迹被打破，发展陷入困境：传统建筑自身的技术缺陷没有得到有效解决，居住质量恶化，无法满足现代居住生活标准和需求；由于乡村建筑量大、面广、分布零散等因素，工业化建造技术的规模和成本优势难以发挥，加之现代建造技术与传统建筑体系不兼容，新建建筑不但粗制滥造、能耗增加、污染加重，甚至连基本的安全问题都得不到保障；城市型建筑风格造型与乡村建筑功能无法妥善协调，不但破坏了原有的地域建筑文化传承，也损伤了现代建筑的基本形式特征，令人们对现代建筑体系产生怀疑；……新的居住需求与落后的现实条件之间的矛盾引发了强烈的变革需求和多元探索，亟须在设计理论、方法与实践层面探索适宜当地自然与社会条件的新型乡村建筑更新模式。

　　长期以来，提高乡村建筑的人居环境质量、开展乡村建筑设计、促进乡村建筑建造技术提升、促进地域建筑发展等，一直是困扰建筑学专业的难题。与物质资源、资金投入和技术密集的城市相比较，乡村在这些方面具有显著的差异，决定了乡村建筑在处理人与环境的关系上具有与城市有不同的道路，在建造的技术方式上也应区别。也就是说，城市型的大工业生产方式、密集的专业分工协作、材料与技术的市场化供应手段在荒漠化的乡村地区是难以实现的。

　　由于西部荒漠化地区恶劣的自然条件限制，乡村建筑的形成和发展强烈地受到建筑内部（人的生理需求与使用功能）需求和外部条件（自然与社会条件）的双重影响和作用，揭示这一原理和过程是本书的主要内容。本书运用生态学观点，从"人、建筑与环境"三者之间相互关系角度出发，探讨了地区民居建筑起源与发展的主要动因、矛盾和缺陷，阐明了民居建筑从简单到复杂，从被动适应到主动控制的演变规律，提出了"满足居住需求"是民居建筑演进的原始动力，"科技进步"是建筑发展的支撑条件，阐述了民居建筑基本目标（庇护）的惟一性和建筑表现形式的多样性观点。

运用对比的方法，通过与城市集合住宅建筑、公共建筑、工业建筑等建筑类型，就环境决定程度、使用者主观意志的实现、建筑间的相互影响、建筑单体设计参数、经济承受能力、功能在设计中的作用等方面进行比较，提出了西北荒漠化地区乡村民居建筑设计的基本原则依次为安全性、便利性、舒适性、经济性和社会性。

本书立足建筑学专业，思考西部荒漠化地区乡村建筑更新与发展问题，提出了地区乡村建筑在发展和形成过程中强烈地受到"内部因素"和"外部条件"共同作用的观点，并由此建立符合地区实际条件的乡村建筑理论模式，确定了乡村建筑设计研究和创作需要在环境、资源和经济承载力范围内发展的技术路线，并结合示范项目工程实例验证了该建筑模式理论和方法的有效性。

本书是在笔者多次赴西部荒漠化地区开展地域建筑考察、建筑环境测试、地区建筑发展机理分析、新型生态建筑创作和示范工程建设实践的基础上，加上多年持续思考后形成的阶段性成果，受到了国家自然科学基金项目"西北乡村新民居生态建筑模式研究"（51178369）、"现代乡村地域建筑设计模式研究"（51278414）等课题资助，同时还得到了国家自然科学基金创新研究群体科学基金项目"西部建筑环境与能耗控制理论研究"（51221865）支持。

3

生态民居模式
的多样化表达

4

西北荒漠化地区传统民居模式的环境适应性

5

西北荒漠化地区民居生态化发展困境

6

西北荒漠化地区生态民居模式研究

8
结论

1.1 研究背景

1.1.1 西北荒漠化民居演进现状

荒漠化地区主要指因气候变异和人为破坏等因素而导致的土地退化、生态衰退现象。在我国，西北地区是受荒漠化危害最严重的地区，危害面积最广，受害人口最多。据统计，西北 50% 以上的国土面积处于荒漠化状态，60% 以上的农业人口居住在荒漠化地区，因荒漠化造成的经济损失巨大，生态环境损失更是难以统计 ❶。该地区典型特征是降水稀少、气候干旱、冬季寒冷、生态脆弱、经济落后、社会发展水平低。

长期以来，由于多种自然和历史原因，西北荒漠化地区乡村人居环境一直处于自发演进、自我完善状态。乡村民居建筑在千百年演进过程中不断尝试、逐渐摸索，在与恶劣自然环境的斗争中充分作出了适应，逐渐掌握了处理建筑与自然环境、建筑与人相互关系的经验，产生了许多优秀的民居类型，在很长一段时间内，其居住质量总体而言堪称较好。例如，在荒漠化边缘地区形成的黄土高原窑洞民居模式，在荒漠化中心地区形成的新疆高台民居、阿以旺建筑模式，甘肃、宁夏地区的生土合院建筑模式等。这些民居建筑都是人与自然和谐共存的典范，值得学习借鉴。

随着经济的快速发展、文化的迅速传播、价值观的改变、生活方式的转变等等，人们对居住建筑的需求也发生了变化。传统民居在内部空间、外部形式和物理性能等方面无法满足人们的需要，尤其是那些固有的缺陷（采光、通风、安全性差等）难以解决，人们不断地尝试各种方法去改善居住条件。

由于重视不够和理论方法研究的局限性，乡村民居演进过程中出现了两类典型做法：一是"革命式"道路，即彻底否定传统建筑的价值，完全套用其他建筑模式去解决乡村居住问题；二是"保守式"道路，即虽然承认传统民居建筑存在的不足，但依旧顽固地保持

---

❶ 中华人民共和国国家林业局 .2005 中国荒漠化和沙化状况公报 [R]. 北京：2006。

传统建筑的空间、形态、做法和材料等外在特征，希望通过局部性技术改良提高建筑性能，以维持传统民居的生命。

第一类做法，具体而言就是在全国各地都可以随处看到的那些直接模仿城市现代建筑形态的所谓新乡村民居，这些探索的发起者主要是农民自己。由于忽略了地区与城乡之间在生活方式、建造技术、经济能力、市场供应水平等诸多方面的差异性，尤其是忽略了自然气候环境因素对建筑的决定性作用，导致了严重的问题，表现为粗制滥造、安全性差、居住舒适性差、使用能耗大、环境污染严重、城乡面貌趋同、地域特色消失等等。这类现象对民居建筑发展的危害最大，彻底打破了原有的演进关系。

第二类做法，具体而言就是那些不顾现实需求的变化，依旧顽固地保持地方传统建筑形态的做法，这些行为往往主要是由地方政府主导。由于忽视了建筑与生活的时代性特征，造成了建筑空间与现代生活方式之间的矛盾、建筑形式和现代审美标准之间的矛盾。主要表现为只在关注形是否好看、不管功能是否不好用，这样必然导致使用不便、生活设施不足、空间无法满足新的居住行为需求、室内环境质量得不到彻底改善等，例如各地普遍推行的所谓仿古民居、文化一条街、历史文化名村建设改造……

总的来看，上述的两种路线不但没有改善居住需求的老问题，反而加剧了传统乡村民居的衰落和新建民居缺陷长期并存的现象，还造成了能源与环境的新问题。由于没有找到主要矛盾，因而其原因往往又被简单地归咎于经济落后、思想观念陈旧。更为可怕的是，现实生活似乎也能够证明人们的这种推断：与江浙平原等富裕地区相比，环境恶劣、经济落后的西北荒漠化地区的乡村民居建筑形象似乎更加破落、存在的安全问题更多、居住的舒适性也更差。

1.1.2　传统民居理论研究的特点

实际上，几十年来人们已经投入了巨大的人力、物力和财力用于改善民居居住质量，但却收效甚微。这一现象从某种意义上证明了居住建筑质量与经济投入之间没有必然联系。那么，民居如何才能真正创造健康、舒适、高效的居住环境呢？现实生活中的困境成为理论研究的具体需求，应在理论上解决乡村民居发展中面临的主要理论和方法问题。

究其原因，是传统民居建筑经验在理论和方法层面没有系统化、完整化。当外部条件相对稳定的时候，很长时期内建筑质量是可以的，但是这一结构性缺陷导致无法对外部条件和使用者的变化作出及时、有效的调整。

对西北荒漠化地区乡村民居发展而言，从自然环境与居住建筑的关系、人与居住建筑的关系角度出发是设计研究的基本出发点。需要在设计阶段正确分析自然气候要素对民居建筑的影响，掌握荒漠化地区乡村人的生理和行为活动与居住建筑空间之间的关系，同时在设计阶段充分考虑建筑能耗问题、功能问题。尽管许多建筑师也意识到乡村居住建筑设计中存在的诸多问题，也具有一定的建筑设计知识，了解一些建筑适应环境的设计技巧，但大部分建筑设计人员在实际设计过程中却还是较少应用，原因是：

（1）未辨析乡村民居与城市现代建筑之间的根本区别；

（2）未厘清西北荒漠化地区民居发展中存在的根本问题和主要矛盾；

（3）对乡村民居建筑研究所涉及的有关要素没有理清关系；

（4）缺少行之有效的设计方法。

建筑设计是对相关制约因素选择和判断的过程。西北荒漠化乡村民居设计中的有关因素或许包括自然、地理、气候、生产生活方式、民族、宗教、文化、价值观、经济发展水平、教育程度等。它们对民居设计的影响程度大小不一，难于把握，也是造成民居研究和设计实践困境的原因之一。

针对以上问题，要想让建筑师设计出健康、舒适、高效的乡村民居，就应为他们提供明确、简单的模式关系图示和有效、实用的分析设计方法，这也是本书研究工作的主旨。

1.2　问题提出

1.2.1　现代建筑设计理论难以直接应用于民居设计

现代主义建筑理论是伴随着社会大生产、新使用功能与老建筑形态之间的矛盾斗争而出现的，它解决了建筑功能与形式的关系问题。乡村建筑同城市建筑相比，不但使用人的职业和价值观存在区别，而且其外部约束条件也完全不同，社会、经济与技术基础均有差异，设计目标和标准也不一样，因此照搬现代功能主义建筑的理论显然不合适。

当前，西北地区乡村居住建筑的主要矛盾不是功能与形式的关系问题，而是日益提高的舒适性、便利性与环境、能源、经济负荷能力之间的矛盾，因此通过现代建筑理论无法解决这一问题，必须建立适合地区特色的民居建筑设计理论。

1.2.2　传统民居经验不适应现代居住生活需求

传统民居的发展规律是在自然条件约束下，与同时代的社会关系、生产力水平相互磨合，演变成稳定的建筑模式。传统民居的"生态优势"、"功能缺陷"、"性能不足"等等，无论优劣，也都是这种模式的部分结果。这种成熟的民居建筑模式反映出人、自然、生产力之间稳定的平衡关系，通过经验相传，在乡村建设中被"复制"，一起被"复制"的还有被人们普遍接受的社会生活模式。同时，建筑模式也具有鲜明的时代性，因此需要不断地演变调整，以适应时代变化的新需求，涵盖了功能、技术、审美、价值观等方面。

然而，这种通过长时间"试错"，进行自我体系完善的发展过程，成本过于高昂。经过

30 年快速的经济发展，我国西北的农宅建设已经进入更新换代的高峰期，乡村生产、生活也处于社会转型期。在这样的时代背景下，传统民居的建筑模式已经难以适应新的居住需求，固有缺陷连同其生态优势一起被抛弃；自发摸索的新建民居多是以"城市住宅"为理想模板进行模仿。这种模仿盲目而低效，只能复制形式，而不能复制那些理想的生活品质。对于西北乡村民居建设而言，若任其自我调节，不加引导，不但发展缓慢，而且还将继续造成社会资源与能源的大量浪费。

1.2.3 模式理论是解决民居问题的有效手段

在建筑可持续发展研究领域，理论方面虽然已经掌握了多种传统民居的建筑模式和最新的现代生态建筑技术，也探索出了适合我国城市生活实际情况的居住建筑模式，但没有提出结合乡村新条件的民居生态建筑模式，发展盲目。实践操作层面多着眼于"能效低"、"舒适性差"、"风貌混乱"等表面现象和问题，导致从功能入手，或者以生态技术手段——对应解决表面问题。这种研究方法，在处理城市建筑问题时似乎十分有效，因为城市住宅规模集约，甚至可以说，城市住宅就是"功能优先"、"技术优先"建筑理论的产物。而西北乡村民居聚居规模小而布点分散，生产与生活功能需求相对综合多样，但就使用要求而言，又具有简单化、宽松化的特点。这与城市建筑的规律完全不同。

面对有限的资源承载力和不断高涨的居住需求这一矛盾，如何实现西北乡村民居建设的可持续发展？对于西北乡村民居大量自发建设的特点而言，明确共性关键问题，建立"模式"理论是最为有效的解决途径。即根据新的居住需求，寻找经济、技术、自然、社会与建筑之间的新逻辑关系，建立与之对应的新建筑模式。事实上，西北乡村的特殊性是有规律可循的，例如：典型的气候条件、稳定的人群构成、趋同的价值观、相似的生活方式、环境对民居的强烈影响、经济发展水平的一致性、用能方式的多样性等等。

1.3 研究目的与意义

1. 提取地区典型传统民居建筑的科学经验

西北荒漠化地区地域辽阔，民居建筑类型众多。作为民居未来发展的基础，需要从人与环境、建筑与环境、行为与空间等不同角度思考，通过批判、筛选、评价，提取典型传统民居建筑的科学方法与措施，把握内在的规律。

2. 建立西北荒漠化乡村新民居生态建筑模式

通过研究，在掌握西北荒漠化地区典型的居住行为特征与需求、外部影响因素权重的基础上，结合不同自然和社会条件特点，按照不同情形，明确不同情形下的抽象组合关系，提出能够体现时代要求的乡村新民居生态建筑模式。

3. 充实和完善居住建筑设计理论

西北荒漠化地区民居生态建筑模式关系的建立,有利于丰富完善居住建筑设计理论,同时也可以提高民居建设实践创作能力。

1.4 研究内容与方法

建立正确的民居建筑模式关系是本书研究的关键和重点。在居住要求、自然环境、经济发展水平、资源承载力等条件共同约束下,建立西北荒漠化"新民居"生态建筑模式,必然能实现健康、舒适、高效的可持续发展战略。通过对西北地区典型自然气候特征、传统建筑的科学经验、新时期普遍性的居住生活需求、典型新生产生活方式、外部影响因素等内容进行深入挖掘,掌握乡村民居的基本属性和发展面临的主要矛盾,进而抓住主要问题,实现乡村民居共性问题的解决。通过建造实验性建筑的方式,验证新民居模式的有效性。

因此,本研究的技术路线如下:

拟运用建筑学、环境生态学、人类文化学基本原理,通过田野调查、物理环境测试与模拟分析、建筑方案创作、实验性工程建设、主观评价等方法,掌握西北荒漠化民居最基本的属性和典型生活模式,得出影响要素的相互关系,继而在新时代背景条件下提出乡村新民居的生态建筑模式,为充实和完善乡村民居建筑理论提供科学支持。

(1)从类型学原理出发,通过对比研究,明确农村民居建筑设计的根本问题和设计排序原则。

(2)运用本体论探讨民居建筑起源与发展的主要动因、矛盾和缺陷,探析民居建筑的发展规律。

(3)借用生态学原理和环境决定论理论,分析民居建筑系统与外部环境之间的相互关系;建立民居建筑设计模型,继而提出相应的建筑策略;结合西北荒漠化地区具体条件,提出荒漠化地区生态民居建筑的理论模式和及策略。

(4)从建筑模式原理出发,运用理论推导、建筑方案创作等研究方法,确立现代西北乡村民居生态建筑模式,并通过实验性工程建设和物理环境测试分析,作出修改和完善。

2 民居演变与发展

西北荒漠化地区民居建筑发展中存在诸多问题和不足，看似是由于恶劣的自然环境与落后的社会条件所致，带有鲜明的地方特征。但就全国范围而言，这些问题又具有相当的普遍性。

以西北荒漠化地区乡村民居为研究对象，与其说是在解决个例，不如说是探索乡村民居的一般规律。在其他地区，即使具体的自然和社会条件各不相同，但是乡村农业生产的现实状况，乡村民居的发展和演变也存在着类似的现象和问题。

从民居起源和发展角度看，有必要对民居涉及的一些基本理论问题进行探讨，明确设计的原则和基本目标。

需要指出的是，本书中用"民居"特指"乡村民居"。

2.1 民居概念

为研究和解决民居发展的基本规律和一般理论问题，有必要从建筑设计角度探究乡村民居的意义。为方便起见，采用分解的方法从"建筑"这一大类中逐渐分离出"乡村民居"这一特殊的建筑类型。在此过程中，乡村民居建筑的基本特征和主要矛盾也就渐渐呈现出来。

2.1.1 常见的民居概念

"民居"一词虽然普遍使用，但业界关于"民居"的概念一直以来都没有准确界定，争议颇多。总体而言，研究者往往根据自己的立场和着眼点从不同角度对它的范畴作出规定，出发点的差异最终导致不同的研究结果。总结下来，大致有如下四类观点。

1. 根据建筑功能和目定义

《中国大百科全书》将民居定义为"宫殿、官署以外的居住建筑"[1]，将民居作为普通人

---

❶ 中国大百科全书: 建筑园林城市规划 [M]. 上海: 中国大百科全书出版社, 1988: 327。

的居所，而与皇室、宫殿或宗教建筑等区分，专指那些民间的、世俗的、老百姓安身立命的、以生活起居为主要诉求的空间形式。部分学者也认为民居的概念不应仅局限于住宅，其内涵还应扩大到城镇和乡村聚落，以及与生活相关的各类建筑。大体而言，"民居"被普遍地界定为非官式的、非专家现象的限于日常生活领域的人类居住建筑环境。

民居作为人类最早构筑出来的、最基本建筑，是建筑发展演变的基础和根源，而其他建筑如宫殿、寺庙、官邸都是由民居演变而来。事实上，民居是建筑发展演进中最具代表性的产物，也是构成实质环境的主要元素 ❶。

这些关于"民居"的理解，其缺陷在于它仅从功能性和目的性的角度入手定义，过于粗糙。同时，忽视了使用者内在的差异性，类似于"公共建筑"与"居住建筑"，"官式建筑"与"私人建筑"的划分一样。没有强调出此类建筑使用者、建造者的特殊性，事实上农村居住建筑和城市居住建筑是截然不同的，而这种差异性不在于居住的功能，而在于使用者——人的基本属性上的区别。

2. 根据建造与设计过程定义

亚历山大在 1964 年出版的著作《论形式的构成》中，从建造过程角度区分了民居和建筑。他认为"民居"是民间自发的建造过程，是无意识活动;"建筑"是职业建筑师主动的、有意识的设计活动。

从表面现象看，民居生成过程一般是自发的。在民居建造过程中，由于对结果没有提前的主观设想，多是无意识的思想活动，并不是严格意义上的设计行为，通过试错、调整，直至满足需要为止。传统民居生成过程中，对于"问题"的处理是自然的、直观的、模糊的和整体的，对于"问题"所采取的策略是"调和式"的，而非"解决式"的，并且这种"调和式"的方式并不是事先设计好的，而是在建造过程中完成的。可以说，传统民居建筑的生成过程是自发的，其发展就是不断归纳总结、完善的过程。

相比之下，职业建筑师的设计活动是有意识的设计活动。建立在现代科学理性逻辑基础之上，依赖现代设计方法论对设计过程的描述。现代设计方法论认为"问题"总可以通过分析和归纳方法抽象出来，其结果可以提前形成设想，并利用科学技术手段来加以实现，因此"问题"与"问题的解决"之间存在明显、直接的对应关系，所以"设计问题"是清晰和条理化的，对应的策略和解决办法也是非常明确的。

对于民居建筑而言，由于其生成过程缺少有意识的设计活动，还没有形成科学的、完整的问题解决系统。当外界条件发生变化时，其固有的"调和式"机制就会起作用，试图通过"调和式"的方式解决。然而，这一过程需要漫长的时间周期和反复失败的尝试，民居建筑演变中的错乱现象也就理所当然。但是，快速变化的生活节奏和社会环境已经不允

---

❶ 何泉. 藏族民居建筑文化研究 [D]. 西安: 西安建筑科技大学，2009: 5。

许通过如此漫长的试错过程解决问题。

　　从这个角度理解民居，可以很好地解释现实中的种种建设现象。民居多表现为自发、自建的形式，使用民间传承的传统建造方法和地方材料，因而具有因地制宜且与地域环境联系密切的特点。

　　3. "复制"与"创造"——民居与建筑的联系

　　比尔·希勒（Bill Hillier）认为"建筑"和"民居"的本质区别在于民居是一个简单的"复制"（reproduction）过程；而"建筑"是一个"创造"（production）过程 ❶。

　　"民居"的复制过程既包括建筑形式和空间的复制，也包含了社会生活与文化意义，是模式的再现过程。民居所复制的空间形式和与之相应的社会功能、社会效应是已经为社会所共识和规范化的，因而相对稳定、安全。而在"建筑"的"创造"过程中，空间—社会关系成了分析对象，形式、空间、功能与社会生活之间的关系是研究的内容，通过总结提出建筑形式的多种可能性选择，是寻找模式的过程。

　　在现实生活中，民居对形式、空间组织和其社会、文化功能往往是不假思索地继承、保留、复制和运用，而"建筑"则需要从形式和功能之间的关系分析着手，有目的地探索形式、空间组织和建筑的社会功能、文化属性之间的种种联系。

　　在经济发展平稳、外来文化冲突较弱、社会系统稳定的情况下，民居"复制"和"再现"模式的能力可以很好地解释民居总是相对容易、成功地产生社会功能和社会效应，相对和谐地融入其所处的社会和文化环境的原因。这是因为民居同时复制了空间形式和与之相应的社会结构模式，而这些早已经形成了社会共识，被人们普遍接受认可。

　　在此过程之中，由于只是简单"复制"、"重复"，而不是从分析空间与社会关系之间问题的角度入手，可能存在潜在的时间滞后现象，造成空间与社会关系之间不同步的危险。在变革的年代，科学技术飞速发展，伴随着社会环境的变化，过去形成的那些相对稳定的"空间与社会结构"模式受到挑战，在时间上民居还没有作出适应调整和建立新的内在关系。这样"旧的"民居空间与"新的"社会生活之间势必存在着差异和冲突，在此情况下若还坚持简单地"复制"，则只会积累问题和矛盾，不利于民居的发展。

　　当前，中国正发生着剧烈的社会转型，乡村民居的发展正处于上述阶段。经过千百年历史形成的传统民居，在空间形态和与之对应的社会关系方面早已形成了成熟稳定的结构模式，简单的"复制"是没有问题的，事实上之前的人们一直是这样做的。问题是社会关系、经济生产方式、科学技术水平、物质条件等都发生了深刻变革之后，农村生产、生活的形式和内容也发生了翻天覆地的巨变，传统民居中所蕴含的那些"稳定的"结构模式关系已经失去了其赖以存在的物质条件和社会基础。若还是简单的复制，则民居就会出现各种各

❶　王浩锋.民居的再度理解——从民居的概念出发谈民居研究的实质和方法 [EB/OL].http://www.abbs.com.cn/topic/read.php?cate=2&recid=8643。

样的问题，无法满足人的使用和社会需求。这时就需要利用"建筑"方法，从分析空间和社会关系的角度入手，重新探索形式、空间与社会关系之间新的内在模式关系和可能的结构形式。

4. 民居认识的局限性

关于民居概念前人作过许多研究。"自建"、"没有建筑师的建筑"、"复制"、"非工业化"等等似乎构成了民居的定义。这些看法主要是从事物的现象和表现出发，更多地研究文化、历史、传统，却较少涉及起源、发展和未来问题，往往通过直观的表现特点进行定义。但是当外界条件发生变化，这些表现或许失去了存在的价值，表现形式随之改变。因此，这样的定义不够精确，也没有涉及本质核心。

从建筑研究的角度看，建筑的物质形体（physical）、外界环境、内部空间、人的行为活动以及具体的生活方式之间存在着一定的联系，而这些联系又具有相对的稳定性。这种抽象的、相互之间的联系可被称之为"模式"，除此之外的东西都是阶段性的产物，不足以说明和解释建筑形象。因此，建筑模式研究往往需要忽略具体的形式、技术、过程等细节，这样那些所谓的"自建"、"复制"、"非工业化"等特征变得不再重要，也不能成为民居特征。同时，又由于建筑的形体、空间形态、行为等都会随着时间与空间变化。因此，从内在关系角度出发研究和界定民居建筑的概念会比较客观、准确。

众所周知，现代建筑理论是建立在科学基础上的完整的体系，有着内在的结构关系，而民居是基于经验积累式形成的，结构关系不明晰。为便于抓住民居的这些内在关系，借助科学方法建立起来的现代建筑体系中的建筑类型进行比较是最佳的方法。比较研究的方法是一种有效的措施。"比较是文化人类学研究的一种基本方法。比较的目的是要认识被比较事物之间存在的差异和多样性，并且探讨这种差异和多样性存在的深层原因和合理性。" ❶

对建筑学研究而言，民居的定义应更多地从与之相关事物的比较分析中确定，类似于比较文学、比较语言学的研究方法，通过比较可以展现出差异性和本质。

2.1.2 人的行为与建筑功能

在研究民居乃至一般的建筑问题时，经常会提及功能和行为这两个不同概念，而这彼此也往往容易混淆，有必要作出厘清。简单说，就是"建筑的功能"和"人的行为"两者间的概念和相互关系问题。

1. 功能问题（Function）

按照《汉语词典》，"功能"一词指事物所发挥的作用的语言体现形式，是事物所具有

---

❶ 何泉 . 藏族民居建筑文化研究 [D]. 西安：西安建筑科技大学，2008：18。

的固有属性。例如，棉衣的基本属性是在冬天遮蔽身体免受严寒侵袭，将体温保持在合理的范围内，以维持人体生理活动的需要，在此之外它或许还会具有美观、表达个人喜好的扩展属性。因此，可以认为棉衣包括了遮蔽、保暖和美观等功能。

"建筑功能"指建筑所发挥的作用，所具有的固有属性。对不同类型建筑而言，在同一的基本属性之外，具体的属性也是不同的。例如，炼钢车间的建筑功能就是为炼钢这一特殊的生产活动提供合适的空间场地与合理的采光照明通风等物理环境条件，以实现生产制造合格钢材的基本属性。机场码头等交通建筑的功能就是为高效完成人员交通工具转换的目的而提供适宜的空间这一基本属性，除此之外都是次要的。由此，可以推导出居住建筑的基本功能就是为了实现舒适的居住活动而提供必需的空间场所，包括建筑的面积、空间高度和温湿度等环境指标。

因此，简而言之，建筑功能是有关建筑的基本属性，即建筑能做什么的问题。

2. 行为问题（Behavior）

行为是人类在生活中表现出来的受思想支配的生活态度及具体的生活方式，它是在一定的物质条件下，不同的个人或群体，在社会文化制度、个人价值观念的影响下，在生活中表现出来的基本特征，或对内外环境因素刺激所作出的能动反应。

从行为的定义中可以看出，行为的主体是人，是主体人对外界环境的主动、有意识反应。简单说，人的行为大概包括了居住行为、工作行为；个人行为；公共行为；家庭行为、社会行为；生存行为、发展行为等。

在建筑研究中也经常见到"行为"一词，当然是指在建筑空间内发生的人的有意识行为。包括：吃饭、睡觉、会客、洗澡、工作、购物、学习、看电影等，其中的一些行为不可能发生在居住建筑中，如看电影、购物等，而有些又主要发生在居住空间，如睡觉、吃饭、洗澡等。

3. 行为与功能的关系

任何行为都是行为者心理行为的外化。从建筑和人的关系角度看，建筑空间需要满足人的行为需求，这样一来建筑就具有了一定的功能属性，即具有了从事某种行为的固有空间特征。一般来说，建筑的功能往往同行为问题同时出现，行为是建筑功能的前提和基础，建筑功能是人的行为的空间物化和综合表达。

比如，餐饮建筑中的厨房的功能是为顾客加工食品，那里面容纳的主要是厨师加工食品的行为活动，而非顾客用餐的行为。为了更好地发挥厨房的食品加工功能必须认真考虑厨师的生产活动需求，反过来说厨师一定会对厨房各部分的布局、交通组织、面积分配、层高、采光、通风、照明等建筑性能有所要求，只有这样厨房建筑的功能才能落实。

所以，人的行为需求通过设计、建造等环节物化到建筑上，变成了建筑的功能属性；反过来，某种建筑势必只能提供特定的功能，相应的空间属性也只能方便和促使对应的行为活动发生。例如，那些主要从事语言类演出功能的剧院建筑，其空间的大小与比例、舞台与观众席的联系、壁面构造措施、混响时间等都只是出于最大限度地适合演员表演行为和观众视觉听觉的欣赏行为而设计的。可以想象，在这种空间属性中放映战争类电影对观众而言是多么痛苦的事情。

进一步讲，当人的行为活动与日常生活的差异性越大，建筑的功能性越强，建筑空间对行为的约束与限制也越大，越需要专业的设计，否则在基本的使用上就可能会出现问题。比如，洗浴、排泄和化妆等行为活动需要私密的空间性质，适合这些行为的几何尺寸一般较小，要想在里面发生诸如睡觉和工作等行为，在尺寸和空间感受上恐怕是难以接受的。

可以想象，原始的居住建筑之所以没有建筑师的专业设计，似乎也满足了人们的行为要求，具有了相应的功能，其中的主要原因就是因为居住行为趋向于同一化、简单化、模式化，不同的居住行为相互间也往往可以相互调和，并且它们对建筑空间也往往没有特别的要求，只要能够满足人们居住生活中基本的生理心理需求即可。同时，这也就基本上解释了各类民居尽管外形不同，但以结构和拓扑的观点看其内部空间及其组合差别不大的原因。

例如，在我国多数地区的农村民居中，厨房和卫生间往往是不在建筑主体内设置的，被单独放在外面形成一个较小的建筑单体。而建筑主体内的各个房间尽管在位置、距离等方面存在差异，但是房间的面积、层高、门窗大小与位置、室内装饰水平、与外部环境的关系等几乎都是一样的，没有为某种特定功能作出调整。这样形成的空间属性没有任何差别，对里面允许发生的行为类型也没有太多限制，具有更多的灵活性和适应性。

与居住建筑形成对比的是功能性较强，人的行为较为特殊的建筑类型，必须对行为和功能的关系在建筑上作出适当的反应，否则建筑是无法满足需要的。比如监狱看守所，这里发生的行为完全和正常人的生活情景不同，有着十分特殊的行为和功能需要，因此必须请专业人员对建筑进行设计，在物质上建立功能与行为之间的关系，包括高大围墙、视觉监视区、特殊交通流线、放风区域等。

2.1.3 建筑类型划分与民居本质探析

从建筑研究角度看，物质形体（physical）、外界环境、内部空间、人的行为活动以及具体的生活方式之间存在着特定的稳定联系（建筑模式），不同类型建筑的模式关系不同，因此建筑模式应当是区别建筑类型的主要特征。同样的，建筑模式也应该是建筑设计的根本出发点，而不是仅仅是指那些具体的外部特征、空间形态、材料构成、建筑方法等。

现实生活中，有些住宅楼和办公楼外形即使相同，但也不能认为它们是同一类建筑，因为其功能与空间模式关系是根本不同的。城乡居住建筑在外部形态、建造方法、空间组织、行为活动特征等方面也明显存在着不同，凭直观就可以断定其模式各异。

为了从设计角度理解民居建筑的设计要点，可以借助于民居建筑与居住建筑、居住建筑与民用建筑、民用建筑与整个建筑门类之间的对比和比较，澄清民居建筑的真正含义与概念。

1. 建筑分类概述

在建筑学学科内，出于研究目的的不同，建筑类型的划分有很多标准。若按照用途和目的差别，可以将建筑这一宏观概念划分为民用建筑和工业建筑两大门类。

相比伴随人类产生而出现的最为古老的居住建筑，公共建筑和工业建筑出现的很晚。它们是随着生产力水平提高、人类社会分工而出现的建筑类型。

民用建筑是供人们居住和进行公共活动的建筑的总称，民用建筑直接为人们的日常生活提供适宜的物质空间。按使用功能可分为居住建筑和公共建筑两大类❶：居住建筑包括住宅建筑、宿舍建筑等，公共建筑包括教育建筑、办公建筑、科研建筑、商业建筑、体育建筑、医疗建筑、交通建筑、观演建筑等。

工业建筑主要是为了满足各类生产活动需要而建设的一种全新的物质空间，工业建筑的最终目的是在这里从事生产性活动，直接或间接地为人们的生活提供生活用品。工业建筑包括了纺织厂、钢铁厂、煤矿、化工厂、运输码头等各种类型。

为便于研究，按照从近及远的时间顺序依次对这些建筑类型加以分析，通过逐步剥离无关因素的方法，探究各类建筑面临的主要矛盾及其对策，推知历史最悠久的民居建筑的本质和发展规律。

2. 工业建筑（Industrial Building）

1）起源与发展

与居住建筑相比，工业建筑出现的时间很晚，几乎是近代的事情。18世纪中叶，由瓦特改良蒸汽机引发的第一次工业革命，引起了从手工劳动向动力机器生产转变的重大飞跃，分离出来一个全新的工业生产门类，真正地脱离开了土地的原始条件限制，也完全区别于传统的小手工生产。新的工业生产形式，需要人工化的室内物理环境以满足产品质量控制的需要，需要更大的建筑面积满足大量生产降低成本的需要，需要系统完整的建筑空间满足生产工艺和流程的需要，等等。而这些新需求在传统的建筑空间内是难以满足的，依靠传统的建筑材料、建造技术和设计方法也是无法实现的，因此功能性的需求成为新建筑形式诞生的原因和动力。

2）设计的基本出发点和目标——满足生产需求

在工业建筑设计中，人的基本生理、心理和行为活动需要等变为次要因素，对建筑设

---

❶　中华人民共和国建设部. 民用建筑设计通则[S]. 北京：中国标准出版社，2005：第 3.1.1 条。

计起决定作用的变成了工业生产的工艺和流程要求，而从事工业生产的人员只是服务于生产流程的一个操作工具而已。换句话说，在工业建筑设计中，人的因素降低为服从于工业生产活动的次要内容。

简单而言，工业建筑设计的基本原则可以概括为：必须满足生产工艺要求、提供良好的生产环境、合理的结构形式、适当的功能分区等几个方面：①生产工艺要求包括：生产流程对各工段平面的次序和相互关系的要求；运输工具和运输方式对建筑的要求；生产特点，如余热和烟尘的散发，有毒、易燃、易爆、腐蚀物质的排出，以及有温度、湿度、防尘等卫生要求对建筑平面的影响等。②良好的生产环境包括：良好的采光和照明、良好的通风、噪声控制、温度湿度等方面的控制，这些都要求在建筑平面和空气调节等方面采取相应措施才能达到。③合理的结构形式主要指根据生产工艺要求选择适宜的结构体系，如超大超高设备对生产空间的工艺需求，客观上需要采用新结构形式满足这一目标，而不能再沿用居住建筑的基本形态。如图 2-1 所示，工业建筑更多地依靠人工控制室内环境状态，建筑形态具有很大的灵活性，反映出形式与生产工艺的关系。

图 2-1 工业建筑形态表达出生产工艺特点

来源：西安三木效果图公司提供

3）工业建筑对民用建筑的影响

随着工业建筑的普遍出现，建筑与环境、人与建筑的关系发生了剧烈变革：从居住建筑的生活空间变为了工业建筑的生产空间，人从建筑空间的主角蜕变为配角，从以人为本的设计目标变成了以生产为本，从被动地选择环境适应环境变成了主动改变和干预环境。

例如，蒸汽机改变了纺织厂需要靠近河流建设以获得动力的制约，在选址上有了更多的灵活性。纺纱车间需要稳定的空气湿温度和照明质量，这些性能指标必须借助机械的方式主动控制才能达到，在工业革命之前这些都是难以想象，也是无法实现的。正是由于完整工业系统的建立，暖通空调设备的出现和应用使得建筑具有了更多的主动改变环境的能力，这种能力最终也转向于控制民用建筑的内部环境，当然也包括了其中的居住建筑。

工业建筑的出现，带来了新的生产需求、新的行为方式、空间类型，这些内在因素也透过各种形式最终反映在建筑形式上。

3. 民用建筑（Civil Building）

按照《民用建筑设计通则》（GB 50352-2005）的定义，民用建筑是指"供人们居住和进行公共活动的建筑的总称"，居住建筑指"供人们居住使用的建筑"，公共建筑指"供人们进行各种公共活动的建筑"❶。

民用建筑和人们的关系十分密切，它涉及人们必需的居家生活、部分生产性劳动、社会交往、交通运输等活动内容，而其中居住生活无论在时间上还是空间上都占有十分重要的地位，因此往往又可以根据建筑使用者的不同构成，简单地将民用建筑划分为居住建筑和公共建筑。

4. 公共建筑（Public Building）

1）范围确定

公共建筑指"供人们进行各种公共活动的建筑"。按照建筑功能的不同，公共建筑又可以划分为车站、机场、码头等交通建筑，商店、市场等商业建筑，政府、企业、公司等办公类建筑，幼儿园、中小学校等教育类建筑，展览馆、影剧院、体育场馆等观演性建筑等类型。

2）设计的基本出发点和目标——满足功能和空间需求

上述划分的主要依据是根据建筑的基本用途、使用方式以及使用者的不同来确定的。这样，不同建筑类型之间在使用功能、空间构成、归属性、经济性等方面的差异性十分巨大，大到往往不能相互直接替换物质空间载体——建筑空间，必须进行针对性的建筑设计，提供专门化的空间形态才能满足使用功能的要求。例如,无法想象在办公楼的物质(physical)建筑空间内从事戏剧演出或电影放映活动是一件多么荒唐的事情。

在公共建筑设计过程中，诸多影响因素中最重要的或许就是使用功能。因此，公共建筑设计必须解决好一系列有关功能的问题，包括功能分区、交通组织、人流集散、空间联系、室内环境质量以及相应的建筑形式问题等。这些问题不解决，建筑是无法正常使用的。如图 2-2 所示，机场候机楼清楚地反映出功能特点，即交通组织和流线优先。

❶ 中华人民共和国建设部. 民用建筑设计通则 GB 50352-2005[S]. 北京: 中国建筑工业出版社，2015: 第 2.0.1、2.0.2 和 2.0.3 条。

图 2-2 候机楼建筑体现出体流线特征

来源：西安三木效果图公司提供

5. 居住建筑（Habitat Building）

1）范围确定

居住建筑指"供人们居住使用的建筑"。简单地说，在民用建筑的范畴内，除了那些"供人们进行各种公共活动的建筑"之外，其余的建筑往往都可以统称为居住建筑。

2）类型细分

根据使用者所处的城乡位置和谋生手段的不同，居住建筑又可以分为城市居住建筑和乡村居住建筑两类，但就本质而言他们都是为满足人们家庭生活所需而建立的物质空间。

（1）城市居住建筑

在城市，居住建筑又可以大致分为：住宅和宿舍两类。根据《宿舍建筑设计规范》（JGJ 36-2005）和《住宅设计规范》（GB 50096-1999）的定义，宿舍指那些"有集中管理且供单身人士适用的居住建筑"[1]；住宅指那些"供家庭居住使用的建筑"[2]，是"人类为满足家庭生活的需要所构筑的物质空间"[3]。由此可见，家庭是否能够独立使用和管理是判断该建筑是宿舍还是住宅的主要依据，而与建筑面积的大小、房间数量的多少、套型组合等因素无直接关系。

按照等级的不同，城市住宅又可以分为普通住宅、高级住宅。根据我国现行的《城市用地分类与规划建设用地标准》（GBJ 137-90）规定，城市居住用地可以划分成从一类到

---

[1] 中华人民共和国建设部. 宿舍建筑设计规范 JGJ 36-2005[S]. 北京：中国建筑工业出版社，2005：第2.0.1条。

[2] 中华人民共和国建设部. 住宅设计规范 GB 50096-1999[S]. 北京：中国建筑工业出版社，1999：第2.0.1条。

[3] 朱昌廉. 住宅建筑设计原理 [M]. 北京：中国建筑工业出版社，1999：1。

四类共计4类居住用地。对于两种最常见的用地描述如下：一类居住用地指"市政公用设施齐全、布局完整、环境良好、以低层住宅建筑为主的用地"；二类居住用地指"市政公用设施齐全、布局完整、环境较好、以多中高层住宅建筑为主的用地"❶。从字面意义可见，两者的主要区别在环境质量和建筑高度（层数）的不同，通俗地说就是居住建筑等级的不同。同时，还可以得到这样的信息，即无论等级高低，城市居住建筑对市政设施配套水平都是有一定要求的，不可能平地起高楼，而这一点对乡村民居而言恰恰是无法具备的内容。如图2-3所示，城市居住建筑对城市基础设施配套水平的依赖性很强。

图 2-3   城市居住建筑基础设施条件优越

来源：西安三木效果图公司提供

多数情况下，西北荒漠化地区乡村民居难以做到城市住宅建设用地那样的市政设施配套水平，这就决定了民居个体与周边环境之间存在着密切的物质和能量流动关系，在民居内部功能的内容设置等方面与城市住宅是完全不同的。比如，在多数情况下，乡村民居需要考虑自身的能源与自来水供应、垃圾粪便等废弃物处理等，对于城市住宅而言这些内容几乎是不用考虑的，只要留出接口，其余的事情统统交由市政解决。如图2-4所示，乡村地区难以获得好的基础设施配套，主要依赖自己建立基础设施系统，建筑质量要求缺乏优先控制。

❶   中华人民共和国建设部. GBJ 137-90 城市用地分类与规划建设用地标准 [S]. 北京：中国建筑工业出版社，1990：第 2.0.5 条。

图 2-4　乡村住宅基础设施与建筑质量较差

（2）乡村居住建筑

乡村居住建筑主要是指那些分布于农村地区，以满足农民居住生活为目的的建筑。它与城市居住建筑的异同其实是由于"城乡"本身的区别而带来的。正是因为城市和乡村之间在生活方式、生产方式、社会环境等方面的不同才导致居住建筑的差异，而与具体如何建设是没有关系的。

比如，在日本和美国的城市中，老百姓会自己动手在自己的土地上面建房子，但是这些居住建筑与当地农村的居住建筑存在着巨大的差异。反过来，我国很多乡村地区也会出现统一设计、统一建设的农民新居，但是这些居住建筑看上去还是同城市居住建筑存在着巨大区别。

因此，研究乡村居住建筑或者说乡村民居是离不开对其生活、生产方式以及社会环境的考虑，这些才是乡村民居建筑设计时需要着重考虑的问题。

2.1.4　城乡居住建筑的区别与联系

1. 乡村与城市的概念界定

"城市"（urban）是以工业、商业为基本的经济活动内容，人们主要以从事工业生产和商品交换为生、人口十分密集的聚落总称。城市是依靠人员的主动集中，为方便生产活动而发展起来的。

针对城市来说，"乡村"（rural）是以农业为经济活动的基本内容，这里的居民以从事农业生产为主要生活来源、人口较分散的聚落的总称，也称农村。

原始聚落起源于旧石器时代中期。到新石器时代，农业和畜牧业开始分离，使以农业为主要生计的部族定居下来，出现了真正的乡村，如河姆渡、半坡村落等。

按照经济活动内容，乡村可分为单一行业的村落，如农业村（种植业）、林业村、牧村和渔村，也有农林、农牧、农渔等多业混合的村落。在农业经济活动以及自然环境、社会文化因素的影响下，乡村存在各种居住方式和形态特征。在农区和林区，村落通常是固定的；在牧区，定居聚落、季移型聚落和游牧的帐幕聚落兼而有之；而在江河湖沼之中，还有以舟为室的船户组成的船户村。固定的聚落可分为散布着孤立农舍的散村，以及集合成条状、块状、环状的路村、街村、团村和环村等集村，其规模从只有少许农户的小村到数千人口的大村不等。

2. 城市和乡村居住建筑差异的原因

民居作为一类事物（建筑）有其共性因素、问题和特征。根据其使用者所处的位置——城市或乡村，又可以划分为城市居住建筑和乡村居住建筑两类，各自表现出不同的个性问题。

就同一个地理位置而言，城市与乡村居住建筑在表现上存在着鲜明的区别，而这种区别取决于生产方式、谋生手段、经济水平、人与人之间的社会结构关系、人口密度等因素，最终又作用到建造目标、过程和方法方面。具体表现为：

（1）功能满足方面，城市住宅主要满足居住生活行为，乡村民居建筑需要同时兼顾居住生活与生产活动。

（2）建造方式方面，由于社会分工、工业化等导致城市住宅多集中建设，乡村民居常常分散自建。

（3）规模与尺度方面，城市住宅往往采取规模和体量较大的集合住宅形式，乡村民居往往采用规模和尺度较小的分散形态。

（4）设计方面，城市住宅往往经由专业设计与施工，住户仅是住宅产品的使用者角色；乡村民居多由住户自己设计建造，同时担当业主、设计、建造等角色，因而住宅具有更加丰富的意义。

（5）管理方面，城市住宅多采用第三方建设施工方式，有利于建立和完善管理控制制度，有利于提高建筑质量和居住水平；由于分散自建的形式，乡村民居无法实施有效控制，建筑质量和居住水平多靠个人自觉调控。

（6）建设主体方面，城市住宅建设的主体是单位、公司，乡村民居的出资人、设计人、建设者等主体就是农民自己。

（7）住户意愿实现程度方面，城市住宅设计与建设难以体现个人需求，更多地表达了一类人的要求；乡村民居建设则充分表达和反映了使用者个人、家庭的愿望，个体参与意识强烈。

（8）法律法规方面，城市住宅依靠法律、规范和制度层面的控制，乡村民居依靠自我调节和宗族关系调整。

（9）成本方面，由于市场经济下建筑材料价格的城乡无差异性，而同时经济收入差别较大，所以城市住宅能够承担较高的成本，可以采用新技术；乡村民居对经济更加敏感，常采用地方技术和材料作为应对。

（10）建设强度方面，由于土地价格和所有制形式的差别，城市住宅常高密度、高容积率；乡村民居往往建设强度较低，指标很小。

（11）基于现代工业基础，城市住宅更加主动地通过现代技术适应、调节和控制，营建更舒适的居住环境，满足人的各种需要；基于原始落后的生产力下的乡村民居，往往只能被动接受和适应，当无法满足时多通过约束自己的合理需求达到相对的满足。因此，城市与乡村住宅是在满足类似生活行为需求的基础上，两种完全不同的系统，它们的方法、目标、策略、技术措施等均不相同，难以简单地移植城市建筑理论到乡村民居建筑的实践活动和理论研究中去。

（12）就环境对建筑影响程度而言，城市住宅集中，体形系数小，因此受到外界不利气候环境影响较小；乡村民居体形系数大，受环境波动影响剧烈。若要达到同样的耗热量指标，则乡村民居围护结构的总传热阻必须大于城市住宅，意味着乡村民居围护结构对节能的重要性。

（13）基础设施配套方面，城市居住建筑完全依靠市政解决；乡村民居主要立足自身完善功能，涉及供水、能源、垃圾废弃物处理等内容。从物质与能量流角度看，乡村相对城市要复杂，"麻雀虽小，五脏俱全"。

3. 二者在建筑设计方面的区别与联系

正如前文所述，乡村与城市在生产方式、经济水平、社会关系结构等方面存在着巨大的差异。

居住建筑的差异性是由于生活在其中的人的不同而带来的，包括生产方式、谋生手段、收入水平、价值取向、生活目标等。这些抽象的内容投射到"建筑"这一物质载体上，造成了城乡居住建筑的明显差异。无论是自发的建造还是有意识的设计行为，无论是统一建设施工还是住户自建，这些差异势必都会作用到建筑的物质和空间层面。具体表现为：建筑与环境的关系、建筑室内外空间联系、室内空间组合关系、空间与功能的关系、功能与形式的关系等建筑模式方面的差异，这些才是乡村民居建筑不同于城市居住建筑的关键点。

就居住功能而言，城市住宅与乡村民居是一致的，没有本质区别，都是要满足人们基本的居住生活需要。所以，安全性差、自建、混乱、没有建筑师的设计等特征都不是乡村民居的实质，只是各自在实现具体居住目标过程中的不同表现方式而已。

4. 乡村居住生活的特质

农村住宅建筑中，行为活动内容的特殊性方面可以简单地概括为"功能的弱化和相对复杂化"。那些依靠农业生产为生的农民，他们的居住生活与土地是分不开的、与生产活动也是紧密相连的。居住空间、院落，甚至户外周边地区都有可能临时当作生产场所使用，所赋予的功能相对较多，这样生活与生产空间的界限相对模糊，甚至很难说清楚哪些是生活空间，哪些是生产性空间。相对城市集合式住宅，在农村民居建筑中居住的功能相对处于非主导地位，其间混合了很多其他功能，造成居住功能的弱化，由于需要考虑家庭起居空间内的一般性生产活动，导致民居空间内功能的多样化、复杂化。这一点是由农村生活的特色所决定的。

与之相反，非农业人口——第二、三产业的从业人员，由于社会化分工和大生产的要求，他们的生产与生活之间几乎完全分开，相应的建筑空间也是相对独立的，空间的边界十分清晰：在住宅空间中基本上只有那些生活属性的行为活动，如吃饭、睡觉、读书看报、聊天等；而在他们的谋生空间（如工厂车间、办公楼、餐厅厨房等）中只允许发生那些与谋生工作有关的生产性行为，而睡觉、吃饭等起居活动在那里多是被禁止的。

那些虽然居住在乡村地区，户籍上看还是农民，但生存已经完全脱离了农业生产的人，从严格意义上看已经不再是农民了，而应该是居住在乡村地区的居民。他们与耕地之间的关系和农民与耕地的关系是截然不同的，他们对住宅空间中的功能要求和城市住宅是相似的，不可能也不需要设置辅助性的农业生产、加工或准备活动空间。

2.2　民居演变的基本规律

民居作为重要的建筑组成类型之一，它的起源与演变发展经历了从简单到复杂，从被动适应到主动控制，从完全的本能行为到人的意志干预，从物质功能到精神文化的演变过程。发展到现在，丰富的形态与多样化的外在表现似乎掩蔽了民居建筑的演变规律和基本特征，使得研究对象的当代目标定位与未来变化趋势变得模糊。

简单地看，民居建筑发展的基本规律就是：以生存"庇护"为本，逐步完善"人的行为心理需求、经济技术与环境承载力"几者之间的相互关系，逐步实现"健康、舒适、高效"的居住目标。

2.2.1　庇护为建筑之本

人类社会早期最初的建筑类型一般被认为是居住建筑和祭祀建筑。早期人类的建筑活动由建造穴居和巢居开始，逐渐掌握了在地面之上建造房屋的技术；在奴隶制阶段农业和手工业之间出现了分工，建筑从原始的状态迅速发展起来，达到相当高的水平，同时建筑活动的规模也开始变大。

根据达尔文自然选择和进化理论可知，只有那些最能调整自身状态以适应自然环境的物种才可能生存。同样地，在建筑发展历程中也可以发现存在类似现象。在创造原始的人工居住空间之前，一方面人类只能通过生理变化和本能的行为来适应自然环境的变化；另一方面，在创造穴居、巢居的过程中，或许还有其他更多种类的居住形式都被选择淘汰掉了，只剩下最合理的建造形式。

在人类社会早期，由于改造环境的能力相对低下，同时自然环境对生活的影响巨大，形成了人与自然之间巨大的力量差异，基于生存的基本需要，原始居住空间的第一目标便是保暖、安全防御与食物贮存需求。至于其他需求，在这一阶段根本无从谈起。这时的生存空间还只是一个被动的适应环境的形式，因此初始的穴居、洞居只能充分利用天然洞穴所提供的保温防寒与坚固掩蔽特性，以此为基础形成对人类生存空间的防护。原始的"巢居"利用高度，在保证基本安全属性的前提条件下，更多地强调对太阳照射与空气对流的获得，具备了接受阳光和风的建筑形态；同样的，原始"穴居"利用掩蔽于地形的特征，减少体量暴露以降低空气对流引起的过冷，具备了抵御北方严寒的建筑形态。由于这两种雏形都存在着天然的局限性，地下的穴居、树上的巢居逐渐发展成为地面建筑，兼具了"巢居"和"穴居"的基本特点，较好地处理了大地、天空与人的关系。

建筑从诞生之初就和它所处的环境之间存在着必然的关联性。从人类"定居"开始作为遮蔽场所有了建筑，因此构成所需的空间是建筑的基本功能。在建筑建造过程中，地点、材料和建造技术是缺一不可的必备条件，其中材料和建造技术是和地点密切结合的，因此可以将建筑看作是人们所需空间和特定地点通过一定方式的结合。海德格尔认为"在将空间与地点相结合，地点得到确认之中，建筑实现了其本质"❶。通过建筑的建造，地点被标识而获得了意义，建筑在构成空间的同时也实现了与地点的结合。

早期人类由森林走向开阔的平原，逐渐放弃四处游荡的采猎业，开始在固定的地方从事原始的畜牧和农耕生活，形成早期的农业文化。与此对应，居住也从最初的"巢居"和"穴居"发展成为原始的住宅建筑，保留了建筑最基本的"庇护"（shelter）属性。如由"穴居"演变为木骨泥墙、石块堆砌的半穴居居所和由"巢居"演变而来的"干阑式"居所，都经过了人类的大量主观加工而成为真正意义上的建筑，有了相对稳定的居住建筑形态特征。

从选址和环境适应角度看，原始居住建筑具有很强的环境选择意识和整体环境观，往往选择有利地段，趋利避害，有利于减少人工建造的难度。原始穴居或洞居主要利用自然界中的天然形态，人的加工所占比例很少。因此，以穴居为例，它表现出原始建筑空间形态的特征：位于地下、坡崖等易于防护之处，最重要的是"冷暖"环境与安全防护性。

从空间和形态角度看，早期的"穴居"和"巢居"开始，空间由单一向多个房间组合变化。例如考古发现，原始村落和居所中往往同时混杂了活人居住和故人埋葬的功能；即使生者

❶ 邓波．海德格尔的建筑哲学及其启示 [J]．自然辩证法研究，2003，19（12）。

在单一的居住空间中也多集中了各种生活功能，如睡觉、饮食、生产、游乐等。这些场景现在还可以在非洲原始部落的生活中窥知。

从民居原型到地面建筑的发展说明了人类从选择天然庇护所到独自营建庇护所的过程，地面建筑的出现，表明墙体和屋顶的逐渐分离，成为真正意义上的建筑。这是人类逐渐摆脱自然限制而主动采取应对措施的发展过程。

从材料和营建角度看，材料的易得性、物理形态和原始民居的建筑形式有着必然联系。民居往往直接利用泥土、木材、石材等为围护材料，成为独特的建筑形式，木材的连接由绑扎到榫卯，还发展了砌体技术、夯土技术、土坯砖的应用等等。

某种意义上看，最初的建筑几乎完全来自于自然，对环境的压力最小，除了居住的舒适性不佳之外，其与环境之间的生态性还是很强的。

2.2.2 多样化与复杂化演进

在解决了建筑的基本问题——"庇护"之后，随着生产力水平提高和技术进步，尤其重要的是生活方式也发生了相应的变化，这种变化使人们追求更舒适居住环境与质量的需求成为可能，这是民居建筑发展的原始动力。

经过千百年的调整与优化，人们逐渐从自然环境中获取了灵感，自觉运用当地材料与技术，充分适应气候条件，在满足基本功能的同时，创造了丰富多样的民居建筑类型。在这一过程中，由于受到地域性、社会性、民族性、传统型、技艺性、时尚型等因素的制约和影响 ❶，居住建筑变得复杂多样，建筑的根本目的逐渐弱化，不再那么突出明确。这些因素中，地域性和社会性对民居建筑的影响作用最为强烈和突出。其中，地域性包括了自然地理条件（地形、地质、地貌、水系等）、气象条件（太阳辐射强度、降水量、温湿度、风向风频等）、资源条件（建筑材料和能源燃料等）等方面；社会性包括了经济条件（产业类型、生产方式、技术水平、经济能力等）、人口状况（家族、家庭、人口、生活方式等）、文化状况（宗教、制度、教育、风俗、哲学等）等方面的内容。

民居建筑除了"遮蔽"的物质属性外，还发展出一定的社会功能。民居建筑通过建筑材料的组合构筑出一定形式的实体，具有稳定的空间组织方式，为各种社会经济活动提供了适宜的场所，形成了相对固定的空间—社会结构模式，经过多次简单复制，保留了民居的形式、空间组织和社会文化意义。因此，民居也具有双重属性：在拥有物质属性的同时，也包含了产生这种属性所需要的过程，以及建筑过程。因为把各种社会关系、社会活动纳入到它的空间组织之中而具有了一定的社会属性，同时也因为社会关系在建筑中遵循着特定的模式而具有了相应的物质、空间属性。

---

❶ 孙大章. 中国民居研究 [M]. 北京：中国建筑工业出版社，2004：544，615。

关于民居复杂化的发展，陆元鼎教授总结成生存形成规律、建造技术形成规律、居住方式形成规律和文化观念形成规律等四条❶。其中，"生存形成规律"指出于遮风避雨、防野兽驱虫害的最基本生存需求，在基地选择、地形地貌、方位朝向、水源等自然环境条件选择方面遵循的规律；"建筑本身形成规律"指为了达到基本使用目的，在选择建筑材料、结构方式和建造方法方面遵循的规律；"居住方式形成规律"指民居在体现使用者生活需求方面遵循的规律，包括家庭结构、生活方式与习惯等；"文化观念形成规律"指通过民居表达使用者的社会地位、财富权势等方面遵循的规律。其中，"生存形成规律"和"建筑本身形成规律"都可以看作是建筑如何处理人与自然环境的关系，是民居形成发展最重要的规律。

准确把握民居社会属性的关键，在于理解它是如何通过空间组织的方式把空间—社会模式纳入形式之中，并赋予形式相应的社会和文化含义，在保持文化传承的同时又能使每个居民的民居拥有自己的特点。

2.2.3　民居建筑发展基本规律

1. 环境决定规律

1）理论基础

在自然哲学理论中，有一种观点叫作决定论，认为这个世界中总有一部分内容是受自然基本规律控制并按照特定规律发展的，超越人们的控制能力之外。对于这部分，只要确定了某一时刻各空间位置的状态参数，就可以根据物理定律，推导出所有关于过去、现在和未来任意一点的状态量。现实生活中的现象似乎总能证明这一点，但是此种观点也存在着缺陷性，即过分肯定自然世界的客观性，而忽视了人的主观意志作用，但是并不妨拿来解释民居的发展现象。其实，从严格的意义上看，人的主观意志还是强烈地受到外界环境的作用，难以独立存在。

环境决定论是社会文化学的基本观点之一。它认为现存的一切社会现象都是由环境决定的，包括政治与社会制度、人的性格与行为特征等。

2）对建筑研究的借鉴

从建筑研究角度看，民居的建造受到人的行为支配，而人的行为又与自然环境有直接联系，强烈地被环境所决定。

从民居建筑起源与发展过程看，其中起主要作用的应当是环境的作用。由于各地区环境的差异，形成和发展出不同的建筑空间、形态和技术，以至于形成各自的模式关系。这一观点可被称之为"建筑的环境决定论"。例如窑洞民居、干阑式民居都可以看作是由环境决定而形成的结果，如图 2-5 所示。从树居与穴居发展成现代建筑的过程，其实就是在

---

❶ 陆元鼎. 从传统民居建筑形成的规律探索民居研究的方法 [J]. 建筑师，2005（115）。

人的主观能动性的作用下逐步摆脱环境对建筑直接影响的过程。研究者们猜想，树居的上下不便、穴居的阴暗潮湿等缺陷令人不悦。由于人们改造世界能力提高，或者说这些原始的手段往往不够理想，譬如在抵御野兽、洪水、雨雪、寒冷、酷暑等方面显得被动无奈，于是建筑逐渐演变得不完全依赖原始手段走向人工化过程。

图 2-5　穴居与巢居发展：从被环境决定到主动控制环境

来源：何泉.藏族民居建筑文化研究[D].西安：西安建筑科技大学，2009.

　　研究人的行为与环境关系的学科称之为环境行为学（Environment-behavior Study）。环境行为学创建于 20 世纪 70 年代，是研究人与周围各种物质环境之间相互关系的科学，它着眼于物质环境系统与人的行为系统之间的相互依存关系，同时对环境和人的因素进行研究，探究环境和行为之间的内在关系。环境行为学的基本目的是探求决定物质环境性质的要素，并弄清其对生活品质所产生的影响，通过环境政策、规划、设计、教育等手段，将获得的知识应用到生活品质的改善中❶。

　　环境决定论是环境行为学理论的三个基本观点之一（环境决定论、相互作用论、相互渗透论）❷。就建筑研究层面而言，环境决定论认为外界环境决定了人的生活与建造行为，要求人以特定的行动方式来处理外界环境问题。

　　在人类发展的早期，由于所能掌握的技术能力有限，改造自然的能力低下。为了生存，一切活动都必须遵循自然法则，以适应自然为前提，消除环境的不利影响，利用环境的有利条件，生产生活技术是完全从属于自然的，建筑技术也同样遵循自然法则。这一时期的建筑都充分应对了地理、气候、自然资源等条件。比如，在寒冷地区人们往往通过运用厚

❶　MOORE, G. T. New Directions for Environment-behavior Research in Architecture [M]// SNYDER,J. C. Architectural Research. New York：Van Nostrand Reinhold，1984：95-112; MOORE G T，TUTTLE D P. HOWELL S C. Environmental Design Research Directions：Process and Prospects[M].New York：Praeger Publishers，1985：3-40.
❷　李斌.环境行为学的环境行为理论及其拓展 [J].建筑学报，2008（2）：30-33.

重墙体、紧凑的空间以及生活方式的灵活变化等手段适应严寒；在干热地区人们往往通过建造多层次封闭空间、设置遮阳通风、水分蒸发降温、使用厚重材料等措施防热增湿；在炎热潮湿地区人们发展出架空的干阑式、多使用轻质材料等措施防潮通风降温。这些技术出现和发展都可以看作是在当时的条件下最适应自然条件的结果。

或许是在同一时期，在同样的背景下，也形成了以"天人合一"为代表的朴素自然观，将人自身看作是自然世界中的一部分，强调顺应自然，与自然和谐共生，需要认识和把握自然规律并加以巧妙运作以适应自然。在这一观念指引下，建筑与自然之间也是适应协调的关系，建筑大都利用地方材料和技术，通过朴素的建筑手法和技术措施满足了人们最基本的生存居住需求。

2. 自然选择与竞争规律

1）理论基础

自然选择论最初由达尔文在《物种起源》（该书全名为《通过自然选择，即生存斗争中有利种群的保存造成的物种起源》）一书提出。在此书中，达尔文认为进化论的核心是自然选择，一切生物都是由自然进行选择的；现存的各种生物都是由共同祖先经过自然选择进化而来的。

自然选择论是指生物在生存斗争中适者生存、不适者被淘汰的现象。按照达尔文的看法，自然选择是生物与自然环境相互作用的结果。从进化的观点看，只有能够生存下来并留下众多后代的个体才是最适者。自然选择学说主要包括四点内容：过度繁殖，生存斗争（也叫生存竞争），遗传和变异，适者生存。

2）对建筑研究的借鉴

达尔文的自然选择学说主要试图解释了地球生物多样性现象的原因。对于建筑的起源、发展和演变也具有借鉴意义，主要可以从生存斗争、遗传和变异、适者生存等三方面内容来分析看待建筑的发展演进。

从某种意义上看，建筑同生物体一样同外界自然环境之间都有密切的联系，包括物质与能量的交换，也都是由一个祖先经过漫长的自然选择过程变得相对多样化。

目前，公认的建筑起源及雏形大致有穴居和树居两类❶，分别是基于不同的自然条件，各有利弊和针对性。

从本质上看，穴居和树居的起源其实都是人作为动物的本性使然，就地寻找最简单易行的方式解决基本的生存需求。即使在现代社会，出于各种原因需要在野外露营，穴居和树居恐怕也都是最简便有效地搭建庇护所的办法。

在发展过程中，建筑与环境之间、不同的建筑形式之间也都存在着竞争关系，这种竞

---

❶ 赵群. 传统民居生态建筑经验及其模式语言研究 [D]. 西安：西安建筑科技大学，2004：44。

争关系或许包括了建造房屋所需物质材料的多寡、经济消耗数量的多少、技术的难易程度、抵御侵袭的牢固程度、适应气候的协调性、居住的舒适程度、是否适合生产劳动方式的改变等。关于竞争与选择的标准，最简单的说法就是"性价比"——物美价廉。通过竞争，适宜的建筑形式、技术做法和特点被保留下来，建筑类型因为适应环境，所以得以生存；那些有缺陷的形式和技术，由于不符合自然环境的要求，被逐渐淘汰。

可以肯定的是，人类诞生后的几十万年内，气候一直在变化。伴随着自然环境的变迁，那些过去温暖湿润的地方或许变得寒冷干燥，或者炎热多雨，同时土壤与植被条件也必然同步改变。那些无法适应这种变化的原始建筑形式必遭淘汰，某些突发的适应性变化由于没有得以延续也遭灭绝。在这一过程中，只有那些得以保留并延续下来的建筑形式和做法才能在选择中逐渐被强化，使其积累的特征越发明显。

还有另一种情况，伴随原始人的地理迁徙过程，已经被熟练掌握的建筑技术在新的环境中要么进化而得以延续，要么不适应而被淘汰，最终被自然所选择。原始人迁徙的原因多种多样，但总体而言无外乎受栖息地环境承受能力所限去选择更适宜的居住地，表现为争夺地盘的战争、开荒、屯田、移民等。随着人们的足迹从原始发源地向外扩展，穴居与树居形式是否还能适应新的环境，抑或是主动地变化都决定了之后居住建筑的发展。

3. 启示

在自然决定论中，自然条件（地理、气候、物产材料等）决定性地主导了建筑基本形态的起源与发展。此外，社会文化、技术条件决定了建筑的发展速度，经济条件决定了建筑抵御自然侵袭的能力，经济决定了建筑与自然环境的密切程度，也就是说经济条件强，某种阶段或意义上可以摆脱自然约束；经济基础差，则必然受自然影响强烈。

在自然决定论的基础上，人类总是会根据社会、经济、技术条件和自己的具体需要选择那些适合的建筑形式、技术、材料等，而那些没有相对优势的东西被选择的可能性降低，在后来的发展中逐渐消亡。那么，选择的标准应该是什么呢？应该是那些具有普遍性的经济规律、生态规律和自然规律。这是人的主观选择一方面，另一方面还有技术之间的竞争关系和自然对建筑的选择过程，即优胜劣汰。

优胜劣汰论，只有那些在竞争中处于相对优势的东西才能保留下来，由此关键的特征被继承遗传下去；而那些处于劣势的技术最终被人们放弃而逐渐消亡。从某种意义上看，那些目前还在被人们普遍认同、接受和使用的建筑技术，至少可以证明在之前的发展中是有效的办法，否则不能应用到现在。

借用生物学的相关理论，从历史角度分析论证建筑发展演进的轨迹和规律，明确民居的发展方向。"民居建筑研究中比较有效的方法应该是以传统民居建筑形成的规律及其特点作为采用研究方法的依据。"❶ 这点是后文研究的基本线索。在众多的现象中找到一般性

---

❶ 陆元鼎．从传统民居建筑形成的规律探索民居研究的方法 [J]．建筑师，2005（115）。

的进化规律，并对影响进化的主要影响因子排列顺序，对于理性的认识居住建筑发展是有意义的。

2.3 民居发展的动力和条件

"发展"指事物由小到大、由简单到复杂、由低级到高级的变化。发展是事物前进的、上升的、进步的运动和变化，其实质是新事物代替旧事物。

自然生态要素、社会经济因素都是决定人居环境空间形态发展的重要因素[1]。居住建筑的发展应该受到自然生态、人自身的发展、社会、经济、技术、文化等多种因素的综合影响，在这些因素综合作用下，构成了居住建筑发展的动力。

建筑是一种复杂的自然和社会现象，伴随着人类起源和社会的发展而不断变化，同时受到多种因素的约束和制约，这就意味着它需要符合多种原理和规律的控制。乡村民居建筑变化的动力大致可以分为内部和外在原因两类。内部原因主要是指因为使用者自身的变化而引起建筑无法满足的冲突，是正效应；外部条件影响和阻碍内部原因的解决，是负效应。这些因素的变化都可能引发民居建筑的变化，打破了原有的平衡关系，新的关系正在建立之中。事实上现在民居的现象是各因素共同作用的结果。

从内部角度看，民居建筑应满足功能性、安全性、舒适性、健康性的具体要求。这些方面的性能要求几乎是纯粹技术性的，全球各地区、各人种、各种职业、各种年龄、各种性别人的差异性很小，特征基本是趋同的。这样，在技术上可以借鉴一切有益的技术经验来改善本地区建筑质量，提高居住水平。

从建筑和其外部关系角度看，建筑发展也势必受到社会能源供应状况、社会经济发展水平与自然环境的互动关系等方面的制约，以至于不断地探寻最经济、最节约、环境最友好的建筑方法。在建筑的设计与使用过程中，无论是否注意到这些因素对建筑的深刻影响，事实上其影响一直都在发挥作用。

因此，建筑可以看作是内部因素与外部因素共同作用的结果，而建筑物恰恰处于内外之间，充当了媒介、界面的作用。同时，建筑也是自然属性和社会属性共同作用的结果，它需要同时满足和符合自然规律与社会规律。

2.3.1 人的需求是建筑发展的主要动力

伴随着经济、技术和文化的发展，在生理和心理方面人自身也在不断变化。从某种意义上看，也正是因为人们对世界的认知愿望、改善自身生存状态的愿望才促使在不同领域

❶ 周庆华. 黄土高原河谷中的聚落 [M]. 北京：中国建筑工业出版社，2009：80。

不断地进步。其中，对包括安全性、便利性和舒适性等要素在内的居住生活质量要求的不断提高，促发人们不断地探索最适宜的建筑形式。建筑从原始的洞穴、巢穴到现代工业产品的发展历程可以作为注释。也就是说，建筑的发展动力并非来自建筑本身，而是来自建筑的使用者和建造者——人的需求，因此人的需求是建筑发展的动力。但是，在人们实现美好愿望的过程中，又有很多外界因素阻碍需求的满足，成为发展的制约。例如生态环境恶化、社会经济发展水平、技术的普及程度、文化的传播等。需要指出，这些限制因素成为建筑发展的边界条件，同时这些边界条件又成为建筑特色的基础。

对于西北荒漠化乡村民居而言，虽然在自然条件、社会发展水平等方面存在不利因素，但是人们同样拥有追求美好生活的需求，并作为基本动力促使人们尝试各种方法和手段去实现改善居住质量的目标。

需求的变化是社会进步的动力，也是推动建筑发展的主观因素。人的欲望满足推动社会进步。同样，人对居住的要求也直接促进了建筑发展，对建筑发展提出了主观需求。

但是，需求的实现是受到具体条件的制约。对需求满足的约束，包括经济、技术和环境生态负荷三个方面。在这里谈的是人的普遍性需求，包括服装、食品、交通工具、居住条件、工作条件等，即衣食住行。

"人类的需要永无止境，受到的实际约束主要就是货币购买力。"❶可见，经济问题决定了需求满足的程度。

事实上，从建筑学的角度看人的居住需求，主要包括了安全性、便利性和舒适性需求三个方面；大致包括了结构坚固、房间面积、使用功能、空间组合、居住舒适度、室内温湿度、装修等级与文化品位等具体内容。而这些需求都需要通过具体的物质条件实现，离不开"经济、技术和环境生态负荷"的支撑。

历史上很多古城、聚落的消失都是超出环境负荷导致自然报复、环境恶化后不适合人生存，就是明证。

受制于经济、技术条件制约，我国在处理很多问题上和发达国家走的路子完全不同，也是明证。虽然知道要生态，但是由于经济、技术条件的制约又无法承担生态的"代价和成本"，只得走先污染再治理的老路子。

1. 安全性需求

如前文所述，"庇护为建筑的起源"，安全是人对建筑的首要居住要求。和动物一样，原始人类得以生存必须满足特定的生理机能需求，简单说就是夏天热不死、冬天冻不死、雨天能够遮风避雨、冬天能够抵御严寒，同时还能抵御动物和其他部落的侵袭。这是生存的基本条件。

---

❶　周其仁博客 [EB/OL]. http://zhouqiren.blog.sohu.com。

在人类由动物向人的进化过程中，就是认识自然、改造自然的过程。由最初的在大自然中寻找天然栖息庇护之所到独自营建居所的实践是民居建筑逐渐形成的过程。建筑的最初目的是庇护的功能，即减小自然界恶劣气候和动物的袭击对人类生活的影响，营造相对安全舒适的小环境。

2. 便利性需求

随着生产生活行为的变化，人们对建筑空间和建筑功能的新需求造成传统建筑空间的不适性，人们需要符合现代居住生活习惯的建筑空间，例如，需要起居空间与卧室的分离，厨厕与主体建筑空间的密切化，生产与生活空间的相对分离等。而这些便利性的要求，通过局部性改造传统民居是难以实现的，于是就推动了乡村居住建筑空间的发展。

3. 舒适性需求

传统乡村民居虽然与气候协同工作，做到了基本的舒适。但是用现在的标准看，其指标还是较低的，尤其是在热舒适、空气质量和采光质量等方面难以满足现在的要求。这种理想与现实之间的差距成为了推动乡村民居建筑的动力之一。

建造建筑的目的之一，是人们在围合的空间里可以躲避室外的恶劣气候。因为人是热血恒温动物，所以人们对室内热环境的需求是相对稳定的，并不会因为所处地方的气候有太大的差异。通俗地讲，人们认为比较适应的热环境参数分布大致为：空气温度 18 ~ 24℃，相对湿度 30% ~ 70%，平均辐射温度（MRT）16 ~ 26℃，气流速度 0.5 ~ 2m/s（与人的活动方式和衣着有关）。以上参数在夏季和冬季，在不同地区，不同性别和年龄有差异，因为人需要以对流、长波辐射和无感觉蒸发方式向环境中散发新陈代谢热量❶。

在传统建筑中，人们学会了在立面、构造、空间等方面考虑到了冬季尽可能利用太阳能，夏季尽可能利用遮阳和自然通风以及蒸发冷却等方式解决采暖和降温问题，使得在全年的大部分时间里，大多数建筑可被认为是 "Working with climate"。

2.3.2　技术进步是民居发展的支撑条件

1. 自然科学的进步

近代工业的普遍进步，尤其是现代建筑结构、环境设备和建筑材料科学进步空前地提高了建造舒适居住空间和改抵御自然环境的能力，为改善人们的居住质量提供了无限可能，成为促使建筑进步的条件之一，推动了建筑深层次的发展变化。

新结构形式为人们带来全新的空间感受，使得空间组合变得灵活自由起来，逐步摆脱了空间对结构构件的严重依赖，最大可能地方便功能的组织。至此，建筑造型和空间才真正地为了生活而存在。可以想象，古埃及、古希腊时期，由于材料与结构的限制，结构占

---

❶　刘加平 . 绿色建筑 [EB/OL].http://blog.51xuewen.com/homepage/index.aspx?userid=68365。

据了内部空间的大部分,建筑更多的意义在于其外部空间和造型所传达出的信息,内部使用空间十分局促狭小,难以真正开展什么社会活动,限制了人们行为类型的发生,因此这一时期广场空间十分发达。当然,从环境决定论角度看,这种建筑形态也是由地中海地区温和的气候特征所决定的适宜产物。

当掌握了石材的力学特征,发明出更好的人工材料用于建筑活动后,建筑结构对建筑空间的推动力得以释放,建筑空间和形态为人们的行为活动提供了最大可能,新的社会活动,如工厂、百货商场、体育馆等得以诞生。

通过环境控制设备的干预,室内环境质量提高到了舒适程度,甚至可以做到恒温恒湿、无菌无尘的环境。相对过去被动式的建筑室内环境而言,无疑为人们战胜自然环境的束缚提供了信心。

新型建筑材料和机械设备的推广与普遍配置也很大程度地方便了人们的生活。例如高效绝热材料、玻璃、电梯、热水供应等使人们可以更加自由地生活,改变了原来的生活模式。

2. 社会科学的发展

伴随自然科学、工业文明、能源危机、生物科学、信息科学等的孕育和发展,在思想层面还产生了现代生态观、环境观和哲学观等一系列社会科学,它们都令人们重新思考技术与科学、人与自然、自然与社会的关系,间接促发了居住活动的变化。

经历了古代被动的接受环境、适应环境,近代主动改造环境、破坏环境,现代与环境协调的可持续发展观的演变历程,可以发现新的思想观念在很大程度上影响了居住建筑的发展道路,为建筑的进步和发展提供了思想动力,成为建筑发展的动力之一。

2.4　本书"民居"概念的界定

在本书中,用"民居"指代"乡村民居",其概念界定为:那些以自有土地为劳动对象,以从事农业生产为主要谋生手段,居住在非城镇地区的农业人口,通过自建、合建的形式解决居住问题的居住建筑形态。

在我国,无论长江流域经济较发达区域还是西北荒漠化内陆农村,乡村生活尽管表现各不相同,但生产生活方式还是比较接近的,基本都以户为单位进行小规模农业劳动。在这样的家庭中,既有居住生活又有生产活动,这两者是不可分割的。这种不同于城市生活的特定模式对居住建筑空间的需求无法通过简单移植城市居住建筑来满足。

1. 使用主体

不是按照户口管理划分,而是以谋生手段确定。那些以相对分散的农业生产为主要谋生手段,包括耕作、林业、牧业、采集等,不包括那些虽然住在农村而主要生活来源脱离土地的人,例如依靠农副产品加工、商品交换、打工等形式;也不包括那些没有土地,仅靠给农场当农业工人的人。

谋生手段的不同，决定了住宅与土地的距离关系以及民居建筑中行为活动内容的特殊性。

2. 与土地关系

在住宅与土地的空间距离方面，我国人多地少的实际情况和长期以来实行的户籍管理政策、土地管理政策以及以户为基本单位的农业生产形式等决定了乡村民居与土地的关系十分密切。

例如，目前我国人均耕地面积约为 1.3 亩，农村人均耕地面积约为 2.7 亩，宁夏地区农民平均耕地面积也仅为 3.6 亩左右。由于人均土地面积很小，加上土地权属的限制，每个家庭所能拥有的农业生产用地面积是十分有限的，往往只能采用以家庭为基本单位的分散农业生产方式，人与土地的关系十分密切，生产出行距离很短。这一点从村落与耕地之间分布的特点可以清楚地看到，斑块式的村落就是我国农民因地而居的证明。人们总是居住在自己土地的周边、中心附近，总之要方便日常的生产活动和土地管理。

3. 建造方式

主要指通过住户自建、合建等形式，而不包括那些通过购买集体建设、开发的住房。

前面提到，在我国农业生产总体上是相对分散、独立的生产活动，在可以预见的将来这种状态还会持续下去。一方面，这就决定了农村分散的经济基本单元——家庭之间在经济与形式上的相对独立性，而它的物质载体——住宅建设也势必需要适应这种社会经济现实条件，通过住户自建、合建的形式解决农民的居住问题。另一方面，农村普遍施行的宅基地政策也决定了通过自建、合建等形式实现农户居住目标的做法，在当前是最为有效的。目前，根据各地土地资源的稀缺状况，每家每户会得到由村集体提供的一定面积的土地以解决居住问题，而宅基地的划分是根据实际需要一块一块分次确定划分形成的，正常情况下不可能出现集中、连片的宅基地，这就决定了农民住宅建设是分期、分批、渐进式发展的。由于住户对住宅的要求各异，分布不集中，建设时间无规律，且单位工程量小，造价低，这样分散自建的形式恐怕就是最适合国情的了。

需要强调的是，并不排斥建筑师的专业设计行为和建筑公司的建造。因为建筑师在农村的设计活动和专业公司的建造活动本身也需要遵循乡村生活的基本规律。

4. 空间与生活方式间内在的结构关系

前面提到，在相对封闭、稳定的农业社会经济形态下，通过"形式复制"而成的民居同时也"复制"了被人们普遍接受的社会结构模式。由于两者之间存在着强烈的应对和依附关系，这种建造方式维持了一个地区的生活模式和特征；反过来，被普遍认可的这种结构模式又进一步强化了建筑形式。

作为社会结构模式中最重要的组成部分，人与人的关系、经济水平、生活方式等也在这一过程中被趋同和强化出来，人的行为需求也在民居中形成相对固定的功能、位置和面积。

5. 与地域环境有密切的联系

长久以来，乡村经济多以业（农业）为主的自给自足形式，决定了乡村生活与地域自然环境之间存在密切的关系。农业生产往往需要择地劳作，伴随产生了择地而居的聚落选址，因地制宜的建造方式，以及对地方材料的广泛使用。

农业生产对地域自然环境的具体需求决定了乡村聚落的选址，如太阳光照、温度、降水、地势、土壤肥力、离水源距离等和民居聚落选址的要求基本是一致的。这也就决定了民居与地域自然环境之间强烈的联系，必须适应环境的要求，长久以来就形成了民居建筑与地域环境的适应关系。

6. 功能的复合

民居建筑对地域自然环境的应对更多地是出于生产、生存的需要，而非居住舒适的要求，这也就解释了农村民居的质量标准达不到城市住宅的水平的原因。从某种意义上看，与其说民居是居住建筑，倒不如说民居是生产性建筑与生活性建筑的综合体更为贴切。

一方面，乡村聚落选址标准更多地倾向于是否有利于农业生产，而较少考虑生活方便的需求。另一方面，即使是在民居内部，在满足基本生活需求基础上，还设置了很多带有生产属性的内容，而这些从本质上看和生活行为是没有必然联系的。

2.5　小结

本章主要从理论层面探讨了乡村民居发展的若干关键问题。

通过比较研究的方法，从建筑这一大类中逐渐剥离分解，以获取乡村民居建筑的本质特征。从建筑设计角度，分别与工业建筑、民用建筑、公共建筑、居住建筑和城市居住建筑等进行了比较研究，明确了乡村民居的基本特征。包括：使用主体的多样性决定空间与功能的多样性，建造与使用环节受住户个人意愿控制，造型受自然环境作用强烈，空间实体与生活模式的一致性（建筑空间与生活方式的强烈依存关系），使用功能的复杂与相对弱化等。

通过建筑起源与发展过程分析，阐明了发展演变受到自然选择竞争规律和环境决定规律的控制；民居建筑的本质是"庇护"，其发展过程具有从简单到复杂，从被动适应到主动控制，从物质功能到精神文化的特征。指出民居建筑模式主要包括自然条件与人的生活行为两方面，与经济条件没有关系；受民族、宗教等文化影响的程度十分有限。

3.1 生态建筑

3.1.1 "生态"的概念

"生态建筑"中的"生态"一词来源于生态学领域。德国生物学家恩斯特·黑克尔 (Ernst Haeckel) 于 1869 年最早定义了"生态学"的概念，认为"生态学"是研究有机体与周围环境之间相互关系的一门科学 [1][2]。生态学（Ecology) 的产生最早也是从研究生物个体而开始的。

"生态学"（Ecology）是由希腊语词汇 Οικοθ（居住在同一家庭中的人）和 Λογοθ（学科）组成的，意思是"研究居住在同一自然环境中的动物的学科" [3]。简单地说，生态学就是研究生物与其环境之间的相互关系的科学。环境包括生物环境和非生物环境，生物环境是指生物物种之间和物种内部各个体之间的关系，非生物环境包括自然环境：土壤、岩石、水、空气、温度、湿度等。

生态（Eco-）就是指一切生物的生存状态，以及它们之间和它与环境之间环环相扣的关系。当谈及"生态"时，其实主要指的是"生态平衡"，那是自然界的生物群落之间及生物与非生物环境之间的协调与平衡，是一种随着外部环境的变化而不断发展，不断调整的动态平衡。

在生态系统中，水分、空气、土壤、生物、阳光是最基本的组成要素。系统中的任何生物体都是在由这五个元素构成环境中生存的，都需要不断地和外界进行物质和能量交换。从生态学基本观念出发，建筑研究也需要考虑与这些基本生态要素之间的关系，妥善处理物质和能量流，力求做到系统的平衡。

[1] Frodin，D.G.．Guide to Standard Floras of the World[M]．Cambridge：Cambridge University Press，2001：72．原文："[ecology is] a term first introduced by Haeckel in 1866 as Ökologie and which came into English in 1873."

[2] 周庆华．黄土高原河谷中的聚落 [M]．北京：中国建筑工业出版社，2009：9。

[3] Begon，M.，Townsend，C. R.，Harper，J. L．Ecology：From individuals to ecosystems[M]. 4th edition. Blackwell，2006.

如今，生态学概念已经渗透到各个领域，"生态"一词涉及的范畴也越来越广。人们常常用"生态"来定义许多美好的事物，如健康的、美的、和谐的事物均可冠以"生态"，如生态建筑、生态家园、生态材料等。当然，不同文化背景的人对"生态"的定义有所不同，多元的世界需要多元的文化，正如自然界的"生态"所追求的物种多样性一样。

3.1.2 生态建筑概念

1. 生态建筑产生的背景

"生态建筑"概念是在"不生态"的现实背景和潜在压力条件下提出的概念。

生态建筑起源与发展的背景是全球性能源危机和环境恶化。伴随着 19、20 世纪生产力提高、生活方式转变，化石能源的依赖、废弃物排放、环境破坏风险增大，人类的建设活动与居住行为对能源、资源的依赖程度越来越高，对自然的影响也越来越大。从本质上看，是一个能源与材料不断消耗、污染物不断排放的过程。因此，建筑与外界环境之间的关系问题越发突出，值得关注。"生态建筑"的提出旨在协调和强化建筑与环境之间相互依存的共生关系。

意大利建筑师保罗·索莱里（Paolo Soleri）在 20 世纪 60 年代将生态学 (Ecology) 与建筑学 (Architecture) 合并起来，建立"生态建筑学"（Archology）的概念框架，指出任何建筑或都市设计如果强烈破坏自然都是不明智的，主张对有限的物质资源进行最充分、最适宜的设计和利用，反对使用高能耗，提倡在建筑中充分利用可再生资源。

既然"生态"是指生物体间以及它们与自然之间的关系，那么，生态建筑就应该强调需要处理好人、建筑和自然三者之间的关系。建筑是为了改善和调整人与环境之间的关系而建造的，是为人类生活和行为发展提供必要的物质环境，而生态建筑就是力求和自然界之间就资源和能源的输入、输出达到一种良性的循环，动态的平衡。生态建筑应尽可能利用建筑物当地的环境特色与相关的自然因素，如地势、气候、阳光、空气、水流等，为人创造一个舒适的空间小环境，即健康宜人的温度、湿度、清洁的空气、良好的光环境、声环境及适宜的空间尺度等。

同时，生态建筑还要保护好建筑周围的自然环境，即人类活动对自然界的索取和扰动要尽量少，而且对自然环境的负面影响要小。

从研究方法上看，生态建筑，就是运用生态学的观点审视建筑与自然环境的关系，通过对建筑本身和建筑所在生态环境的相关因素的组织、设计，使能源在建筑和环境中高效循环转换，获得节约能源、减少环境影响的建筑环境。

2. 生态建筑的本质特性

关于生态建筑，人们从各自立场出发，对其有很多不同的表述。有的从表象上描述，有的从特征上描述，有的从与外界的关系上限定，似乎难以形成统一的概念，难以把握。

为了进一步研究起见，必须明确生态建筑的本质这一核心概念。

生态建筑概念强调以下三点本质内容：

（1）健康舒适的建筑环境。当前，质量差还是普遍存在的建筑现象，因此对于高质量建筑环境的需求十分迫切，那些放弃建筑舒适性而片面追求对环境的最小压力的做法是不可取的。人类社会要发展，基本的动力就是基本的生理和心理需求，对居住生活质量的更高追求是社会发展的动力，所以健康舒适占据首要位置。

（2）高效利用能源和资源。生态建筑强调合理选择资源类型并提高利用效率的做法，而不提倡一味减少资源使用量，从而保证健康舒适目标的实现。无论如何建筑的建造和使用环节都是需要消耗一定数量的资源和能源，但资源的种类和使用方式的不同却会带来不同的结果。若合理使用，则效率高、成本低、环境压力小，反之则是不生态的。

（3）尽可能减少对环境的负面影响。在建造和使用环节，都需要考虑如何在不损失性能、便利性、舒适性的前提下，对包括生活行为习惯、资源选择与利用等内容在内的因素作出考虑，通过减量化、循环使用、再利用等方式减少建筑行为对环境的压力。

简言之，生态建筑的本质是在不断提高人居环境质量的同时，高效率利用能源和资源，同时尽可能减少对环境的负面影响❶。

需要指出，生态建筑概念是针对之前建筑发展中存在的不可持续现象而提出的，更多地表达了人们向往自然的取向和愿望，而不是具体的、僵化的、可量化指标的建筑形式和手段。

3.1.3 生态建筑的误解

前文已述，生态建筑强调的是建筑系统在最大限度满足人的实际需求目时，注意与外界环境的平衡关系；或者说是在人与环境协调统一的前提下，营建舒适的建筑环境。这里涉及人的因素、环境因素、技术因素、经济因素等几个方面的综合，不能强调某一方面而忽视系统本身的效用。

在生态建筑概念产生之前，"非生态"的错误是在于忽视了自然环境承载力对人的行为及对建筑的约束作用，过分强调人的主观能动性和人的生理需求的最大满足。比如，无视气候对建筑的决定性，大量新奇的建筑造型、不合理的布局、大量玻璃幕墙的随意使用等现象，这些本身不合理的做法难以满足人的生理舒适性需求，只能通过增大空调设备的使用量达到控制室内气候的目的。如果没有注意到这种错误的根源所在，仅仅试图通过提高设备的效率、构造措施等手段来实现建筑的生态性是没有前途的，最多只是在数量上作了些变化而已。

❶ 刘加平. 绿色建筑 [EB/OL]. http://blog.51xuewen.com/homepage/index.aspx?userid=68365。

　　生态建筑概念产生多年后的今天，对生态建筑依然存在着误解，常见的有：片面的技术观，认为生态技术的堆积就是生态建筑；片面强调保护环境、服从环境，而忽略了人的需求满足；或者将建筑的生态属性与经济属性对立起来等。

　　1. 技术的迷思——生态建筑就是使用了生态技术的建筑

　　现实生活中，一谈到生态建筑，人们往往不自觉地将它同一些常见的诸如太阳能、沼气、自然通风等生态建筑技术联系起来，简单地认为生态建筑就是这些生态建筑技术的组合，或者只要在建筑上采用了这些技术建筑也就生态了。这种看法是错误的，主要在于将建筑简化为技术，并将两者等同起来。

　　在这种错误理解的指引下，对生态建筑的研究也就主要局限于建筑如何集成太阳能技术、自然采光通风技术、生物质能源的利用、外墙保温技术等方面，忽视了建筑设计过程中人的主观作用。

　　事实上，建筑技术仅仅是实现人们居住需求的手段而已。由于建筑技术具有强烈的物质属性，它本身无所谓生态与否，也无所谓等级的高低，并且建筑技术也不能自己就构成建筑。因此技术不能简单地等同于建筑，同样的，生态建筑技术也不等于生态建筑。

　　生态建筑采用技术的种类、技术的组合方式等都是根据实际需求和环境、经济条件等因素人为安排和设计出来的，其中起决定因素的只能是人——建筑的使用者和设计者。人们根据自身需要和外部条件综合决定技术的类型与组合方式，以及建筑的属性，所以建筑的属性取决于人在建筑过程中的态度。也就是说，生态建筑和生态建筑技术是完全不同层面的两类事物，生态建筑是目的，建筑技术是手段。

　　对于生态建筑设计研究而言，必须明确的是，只有通过建筑的手段才能从根本上确定它与外界环境的关系和建筑内部空间的质量，因为真正同外界环境发生物质和能量交换关系的是建筑这个整体，形成内部空间的是建筑的界面，这些都不是某个构配件或技术单独能够实现的。根据自然环境、气候因素可以确定建筑与环境的关系，包括选址、位置朝向、功能布局、空间组合等内容，它们从根本上已经决定了建筑的基本属性，也就是说建筑的生态性是通过建筑的方式实现的。并且，这些内容都是十分客观具体的，可以脱离开经济、社会条件等因素的影响而独立存在，事实上也是很经济的。换句话说，无论经济发达与否，社会发展水平高低与否，只要是生态建筑，那么它们都应该在建筑的层面遵循自然规则。这一规则就是本书研究的建筑模式问题。

　　在此基础之上，可以进一步对重要的建筑构件进行技术上的优化和性能上的提升，甚至还可以附加许多看似不经济，但效率很高或者生态效应很好的技术，如光伏发电、热泵技术、太阳能主动式采暖技术等。恰恰这些非建筑的生态技术，它们对经济条件、技术条件的依赖程度远高过建筑本身。也就是说，在决定是否采用这些技术时，需要从经济角度、技术适宜性角度作出判断。

　　总结如下：生态建筑的核心在于其（内在）系统的运行状况，必须以整体的观念对其进行衡量。生态建筑需要一定的技术支持，但是含有生态技术的建筑未必就是生态建筑，而不含有典型生态技术的建筑或许也可以成为生态建筑。

　　使用了生态技术的建筑不一定是生态建筑，反过来生态建筑也不依赖于生态技术。

　　2. 经济性迷思——生态建筑价格昂贵，落后地区用不起

　　由于错误地将生态建筑技术等同于生态建筑，而那些附加的生态技术又确实需要额外增加建筑成本，所以人们就想当然地认为那些生态建筑的造价必然很高，只有经济发达地区的经济能力才能承担。这样一来，就意味着经济落后的地区是不能负担生态建筑的高成本。直接导致的现象就是，人们出于经济的考虑抵制生态建筑。

　　事实上，前面已经作了解释，所谓的生态建筑应该主要立足于在建筑层面解决建筑与环境的关系问题，解决人的空间需要问题，而不依赖那些额外的生态技术实现上述目标。在建造过程中，若仅仅满足建筑自身的使用要求，那么它的布局、组合、材料、做法等可以有无限种可能的组合方式。但无论采用哪种方式，这些基本的建筑手段本身都是必需的、不可省略的，不存在成本的增加问题，例如墙体、屋面、地面、窗户等。只不过除了关注于建筑的使用功能之外，还需要从建筑与环境的关系角度重新审视选址、功能布局、空间组织、围护结构设计等内容，看是否符合基本的自然规律，并作出相应的调整就可以了。当自然条件十分恶劣，完全依靠建筑手段无法营造出舒适的环境时，才可以考虑使用环境控制设备，辅助调整建筑内部环境，这样增加的成本也是有限的。因此，生态建筑从根本上看并不一定需要额外的构件和昂贵技术。

　　那些不顾自然气候条件约束，没有处理好建筑与环境关系的建筑，试图通过附加建筑空调设备改善建筑环境的所谓生态建筑的做法才是昂贵的。这种做法当然不适合在乡村民居建筑上使用和推广。

　　当然，有的建筑类型，比如车站候车厅、集合式高层住宅楼、厂房等，有较强的功能要求，在建筑上并不允许像民居那样可以灵活地调整功能布局、空间组合，这时或许只能通过空调设备实现。有的地区因为经济高度发达，而又格外重视环境问题，这样就可以使用那些高效、高造价的空调设备，达到节能生态的目的。

　　就生态建筑的本质而言，凡是能够达到生态这一目的的建筑技术都可以采用，无论价格的贵贱、技术的高低。一般而言，所谓的高技术往往具有造价高、效率高、经济性差的特点；而所谓的低技术往往具有造价低、效率低、经济性好的优点。在生态建筑的实现方式上，提倡使用适宜性技术。适宜技术指"针对具体作用对象，能与当时当地的自然、经济和社会环境良性互动，并以去的最佳综合效益为目标的技术系统" ❶。

---

❶　陈晓扬 . 地方性建筑与适宜技术 [M]. 北京：中国建筑工业出版社，2007：12。

这是因为，生态建筑本身强调的是一种平衡关系，在它的实现方式上适宜性建筑技术也强调了经济、环境和社会目标间的平衡关系，如图 3-1、图 3-2 所示。从全寿命周期成本来看，生态建筑成本就不是昂贵的了。

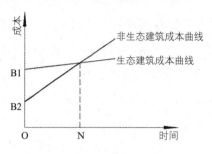

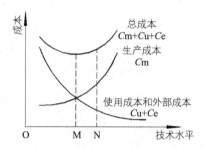

图 3-1   建设与使用成本分析

来源：陈晓杨. 地方性建筑与适宜技术[M].
北京：中国建筑工业出版社，2007

图 3-2   技术成本与技术水平关系分析

来源：陈晓杨. 地方性建筑与适宜技术[M].北
京：中国建筑工业出版社，2007

生态建筑强调的是在舒适性、经济性、环境性之间求得一种平衡的状态，与经济成本没有直接关系。也就是说，生态建筑不一定意味着直接成本高。

3. 功能的迷思——过分强调生态性，忽视对居住质量的改善和提高

人们常认为"生态建筑"概念的前提是生态，或者说不生态就不能称之为生态建筑，这样往往出现损失居住质量去追求建筑的生态性的现象。这种看法是错误的，关键在于弄错了主次关系。实际上，"生态"一词只是被用来去修饰和限定"建筑"，界定建筑的价值取向。

首先，生态建筑也是建筑，也需要符合建筑的基本规律、目的和要求。所以，在先后顺序上生态建筑当然需要先提高居住质量，其次才是对生态价值的追求。为人们提供庇护所，提供安全、便利和舒适的生活空间，对所有的建筑而言都是起码和一致的要求。在这一点上，无论生态与否，能耗大小情况的差异性，生态建筑与非生态建筑的基本功能是一样的。保证建筑基本功能的实现是生态的前提条件，在使用功能不便，居住不适的前提下去谈"生态"是舍本逐末的做法，这样的建筑难以满足人们的具体使用要求。不能为了生态而生态，只能是为了居住质量的提高而生态。

具体而言，生态民居也是民居建筑的一种，民居又是居住建筑的组成部分。因此，生态民居首先要满足建筑的基本规律和要求，而不能有过分强调生态性忽略了对居住建筑质量的改善。常见的错误就是片面地看待民居的缺陷，简单地用生态技术加以改造，虽然改善了能源使用水平，但却没有从根本上解决民居的使用问题。当然，也有试图改进使用功能和增加一些生态技术，但却忽视了民居使用的特殊性，使得它偏离了正常的使用目标。

其次，生态性和建筑本身的具体需求并不矛盾，是两个不同方向和层次的问题，相互间完全可以独立存在。一般的，"生态"强调的是外部属性，即建筑与外部环境之间的依

存和互动关系，是从更高的层面审视居住问题，具有更多的社会责任，它本身并不关心建筑的内在质量。而安全性、舒适性、便利性等是从建筑本体需求出发得出的内部基本属性，从本质上看是可以和外界环境之间切断联系的，也就意味着它可以不顾及与环境的关系是否协调、能源消耗数量等问题。例如，不管寒冷还是炎热地区的民居建筑，尽管外界自然环境相差悬殊，但其内环境都可以通过技术手段满足人体基本舒适度范围，而不论采暖或制冷以及污染物的排放；不管是否存在潜在的自然危害，建筑都得满足起码的安全需求。但对于生态建筑而言，在处理上要兼顾这两个不同层次的问题。

再次，生态建筑恰恰是内部居住质量与外部环境概念的结合，实现了宏观与微观的协调，强调两方面要求的满足，既实现了社会责任，同时也最大限度地提升了建筑的内在质量。因此，生态建筑除了具有自然属性外，还带有更多的社会属性和责任。

最后，就实现手段而言，生态性只是在实现建筑"庇护"功能时的态度、方法、技术有区别。

3.2 建筑本体论与形态多样性

现实生活中各种各样的建筑形态、空间组合、建造方法、材料与构造等给予人们丰富多彩的建筑印象。试问建筑形态多样性的原因是什么？是为了多样性的外部形态而变化，还是为了某个不变的内在价值、目标而采取不同的具体措施所导致的变化？解决这一认识问题可以进一步理解建筑形态与本质的关系，亦即形式与内容的关联。

3.2.1 建筑本体决定形态多样性

1. 本体论

所谓本体论（Ontology）是关于世界的本源或本体的学说，即研究存在本身的形而上学的一个分支。其中，"形而上学"（Metaphysics）也叫"第一哲学"，是一个古老的哲学命题，按照亚里士多德的话就是"being as being"，即一切存在背后的存在 [1]。

2. 建筑本体论

建筑本体论即关于建筑的起源的学说，可以从两方面来理解建筑本体：一方面是建筑的本源和目的，另一方面是建筑本身的特殊性 [2]。

1）建筑的本源和目的

从建筑起源上看，人与自然的关系始终是建筑发生、发展的原因和目的。建筑作为人工产物成为人们抵御残酷自然环境的有效屏障，它的发展是以人类生活的本能和经验积累

---

[1] 亚里士多德著，苗力田译. 形而上学 [M]. 中国人民大学出版社（第 1 版），2003.12。
[2] 郑东军. 建筑本体的回归 [J]. 华中建筑，2007,25（1）: 115-116。

为基础的。

人与自然的关系先后经历了三个阶段：①被动依赖自然；②主动利用自然、改造自然；③利用改造自然同时保护自然。人类与自然关系变化的主要原因：一是人们对生活物质的需求增加，需要加大对自然界的开发利用；二是科技进步，改造与利用自然的速度提高。

建筑不仅追求建筑与环境的平衡，它的根本目的在于为人的生存提供适宜的空间及相应的物理环境质量。这一根本目的同时决定和形成了人、建筑与自然环境之间三位一体的内在逻辑关系，而建筑承担着人与环境之间媒介和纽带的角色，若缺少建筑，人与环境就无法建立起稳定的关系，如图3-3所示。三者之间是否能够达到平衡关系标志着建筑是否符合自然条件、社会条件和人的生理需求，也是建筑发展变化的原因。

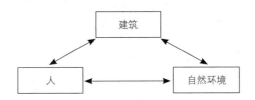

图3-3　人—建筑—环境三位一体关系图示

实际上，在特定的时代背景和技术条件下，人的基本需求（生理、心理）是相对稳定和静态的，这样"人"这一因素就变成了一个常量，是无论如何都必须满足的前提条件，这样三位一体的关系中变量就只有建筑和环境要素了，如图3-4所示。也就是说，建筑需要不断地结合自然环境的变化作出相应的调整以满足人的需求，这些变化包括了形态特征、空间组合、材料选择、结构技术、建造技术等方面。从这一点看，各地建筑形态和技术的差异性就不难理解了，都是在"人—建筑—自然环境三位一体"逻辑关系下针对特定自然环境的产物，其目的都是为使用者提供适宜的空间及相应的环境质量。

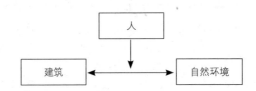

图3-4　简化后的人—建筑—环境三位一体关系图示

当然，事实上在同一自然条件下生存着各种各样的人，他们的职业、年龄、性别、收入、健康状况、社会地位等或许均不相同。正是由于人的差异性，建筑需要作出不同的变化才能在同样的自然条件下满足各类不同人的实际需求，这也就解释了在同一地区、同样自然条件下，建筑会随着使用人的不同而出现多种形态变化的原因。

建筑发展的历史是建筑形态产生、发展和演变的历史。原始人类为了生存的实际目的而去直接利用或改变自然界物体的形态，以达到改善生存环境需要的目的。建筑形态最早是由对自然形态的利用和简单的材料叠加等方式形成的，早期的建筑形态类型对后期建筑形态的形成起重要作用，可以称之为建筑形态的"原型"。原型体现了形态的基本结构，并直接体现着建筑秩序的要素。建筑形态的演变就是原型的发展、扩充和完善，体现了建筑形态从起源到发展过程中对本体的追求。所以，空间与形态二者之间的关系可以说是建筑自身不变的本体。

2）建筑本身的特殊性

本体论研究还包括建筑本身的独特性。独特性不是一成不变的，它随时代的发展而进步，赋予建筑以新的内涵和形式，这种独特性包括许多方面，如便利性、技术性、艺术性、社会性、科学性、文化性、空间性、生态性、地域性等，并且在建筑发展的各个历史时期受到不同的关注。

从本体概念出发，建筑亦可被称之为人类创造的空间形态。在建筑与人的关系中，人们通常更多地关注建筑形态本身和使用者的要求。

3.2.2 多样性是建筑合理的表达

从建筑本体论出发，可以发现，建筑需求具有相对一致性，而人和环境具有不确定性的特征。因而，为了满足人的需求，建筑需要在各个层面作出变化以适应环境的不同，这样建筑便呈现出多样的面貌。

此外，还可以从以下方面进行论述：

（1）建筑的基本问题研究。建筑的本质核心是庇护、满足使用和营建适宜空间，即本质只有一条，而形式可以多种多样；固定的只能是概念核心，没有固定答案和唯一解。

（2）根据黑克尔理论。建筑是与地点不可分割、二位一体的，因此从根本上看建筑诞生时就带有地域性的特征，其发展过程中也是离不开地域特征的。不同地域的建筑，其外在表现形式必然不同。

（3）能指与所指。媒介概念：结构、材料、构造等方面只是手段，围合出来的"建筑物"只是满足上述内容的媒介和载体而已，当然可以有不同的形式，不同建筑形式又具有各自差异性的物理特征，如生土（封闭、厚重、热惰性、湿热环境等）、木材、石头、混凝土、玻璃（开敞，轻薄，过热，温室效应大，热系数大）等材料的性状完全不同，导致建筑所传达的信息存在着区别，而这种差异性的根源又来自于地域性，因此相互间是不可比较、不可替代的。

对于使用者而言，首先，在经济条件允许的前提下，具体采用什么建筑材料与技术作为空间营造的媒介是无所谓的，此时关注更多的是建筑的基本物理性能是否舒适，空间是否好用，是否结实可靠耐久等性能指标。因此，对设计者而言，需要在此背景下筛选使用经济适合、高性能、高效率的技术，不必在意材料的传统继承性。

其次，应考虑到建筑所处地域的自然属性，材料与技术的选择就不是那么随心所欲的了。它们应当以当地的自然条件为设计的基础和出发点，受到自然条件强烈的限制和约束，主动或者被动地带有了地域性特征。

最后，考虑到人类生存环境可持续发展的时代要求，在面临材料与技术的选择时需要格外注意它们的生态特征，建筑也需要相应的媒介与表现形式，探讨、思索生态建筑语境下的媒介形式。最终需要解决的是民居建筑现在与未来发展过程中面临的问题，不要在形式、风格上纠缠。

对研究而言，需要明确研究建筑的本体，其余的只能是手段和途径，不能本末倒置。

3.3　建筑模式的决定因素

建筑是一个复杂的系统。既受到人的主观因素制约，同时也受制于自然客观条件和社会因素的限制；既可以将它看作是满足自身需要的、纯粹的技术系统，也可以将它看作是适应自然和社会承载力的社会系统。这样，建筑研究也应分三个层面：出于建筑使用者角度的研究，出于自然系统与建筑的相互关系与作用的研究，出于社会文化系统对建筑作用的研究。其中，前者主要考虑如何满足使用人个体的、生物性的要求，具有更多的自然技术属性；后两个层面几乎主要是有关建筑与外界的关系问题，带有宏观特点，外部意义更加突出。

事实上，建筑被认为应同时具备自然和社会属性，也就是说建筑是一种介于自然科学和社会科学之间的一种交叉事物，是一种出于满足自身需求和外部约束条件共同作用的结果，处于内外交接的界面，是内部因素和外部条件的矛盾产物，需要同时符合自然规律和社会规律制约，具有复杂的两面性，因此对它的研究也需要同时运用自然和社会两方面的知识和研究方法，才能保证研究的定位和方向。

若从自然科学角度看待建筑，它的技术属性（材料性能、结构技术、构造技术、空间组合等）方面需要满足坚固、安全、便利、舒适、健康等具体要求，这些性能和指标容易通过定量分析确定，技术成熟，研究也具有很强的客观性，因果关系明晰。简单地说，建筑从古至今的发展就是一部建筑技术进步的历史。其中的控制性原则和规律通过之前的研究已经解决，基本可以概括为建筑的本体问题。

在具象的形体之上，存在着一个抽象的建筑概念。抽象的建筑往往与社会制度、经济状况、技术水平等相互纠结在一起。既可以看作是技术现象，也可以将它看作是经济现象，当然还可以将它看作是社会现象。所以，有关建筑研究也需要放到更高的高度与更广泛的视角去看待才能符合社会发展规律的要求。

从社会学、宏观经济学角度看待，建筑问题似乎就比较复杂了，生态性、经济性、宗教、文化等属性很难定性，更难以定量分析，带有很大的不确定性。那么，在诸多社会因素中，究竟哪些占据控制性的地位和角色深刻地影响着建筑的形成与发展？同时，考虑到自然与社会属性的综合作用，上述的规律与原则对建筑如何起作用？又是如何控制和影响了建筑的形成发展？要回答上述问题，需要将建筑当作社会生活的重要组成部分，建立理论的分析模型，研究影响因素的不同组成关系，以明确建筑发展的途径。

3.4 生态建筑多样性表达

3.4.1 生态建筑的综合性与时代性

生态建筑概念是在特定时代背景下提出的，其物质基础也受到与之有关的社会发展因素的制约，诸如人的需求、环境条件、经济条件和技术条件、文化因素等。

任何建筑都需要技术的支撑，包括物质层面的技术和精神层面的技术，而科学技术的发展具有鲜明的阶段性。物质层面的技术大致涵盖了建筑材料、环境控制设备、能源、建造技术等；精神层面的技术大致涵盖了人对空间的需求和价值观，对环境的认知态度，社会经济发展水平对建筑的影响等。单纯地看待这些因素，无所谓生态或先进与否，都是人们改造环境中的手段而已。同样的，生态建筑也需要特定的技术支持，但不完全依赖于设备技术手段，更主要地取决于观念，即建筑与人、建筑与环境之间应该建立什么样的关系问题。

硬件生态技术的多寡并不能作为建筑生态与否的标志，而应当将其放在特定的系统内，考察与环境、经济、技术等属性的相互关系，更多的是一种态度、趋势，而不能将其量化考虑。从这个角度看，其实生态建筑自古就有，并不是新生事物，只是由于外部环境条件的变化使得现代社会对生态建筑的需求更加迫切而已。

从原始的穴居、巢居发展而成的古代居住建筑为人们抵挡了风雨、寒暑和猛兽的侵害，创造了不同于自然的环境的内部空间。但是，由于技术的局限性，人们干预自然环境的能力十分有限，主要通过选择环境和适应环境的建筑技术去营建相对适宜的建筑空间，所使用的技术从来没有能够将建筑内部与外界环境完全隔绝开来，因而用现在的标准看往往"很不舒适"。从建筑与环境的关系看，这期间的建筑或许可以称之为"生态的"；但是从居住质量角度看，这种"所谓的"生态却是以牺牲居住的舒适性换取的，不符合"生态建筑"基本概念。但是，有一个问题常被忽略，就是不同的时代、不同的人对于环境的感知和要求存在着差异，对舒适感的判断也是不一样的。因此，如果用那个时代的舒适标准和居住需求看，应该是"生态"的。这也是为何传统民居建筑总被认为是"生态建筑"的原因。这种所谓的"生态"是一种被动的生态，并未主动、有目的地获取。

20世纪中叶，包括暖通空调，人工照明等环境控制技术飞速发展，使得人们干预环境的能力空前提高。这样，建筑内部和外部环境之间完全被隔离起来，依赖设备技术实现了内部空间的恒温恒湿条件，居住舒适性大为改观。在此过程中，由于过分强调外部环境对人们的不利影响，漠视环境对建筑的作用，过多地依赖化石能源的消耗驱动空调设备以换取建筑舒适性的做法加大了建筑对环境的压力，加剧了全球的生态和能源危机。因此，这一时期的建筑是不生态的，但是它试图通过技术手段去改善人们的居住环境这一目的却不容否定。也正是这一时期，建筑内部物理环境质量才真正满足了人们的生理需求。需要被否定的是那些无视环境因素，完全依赖设备技术干预环境的，违背生态原则的做法。

随着社会进步，生态建筑所涉及的环境、经济、技术等因子都在不断变化，因此生态建筑的含义也是动态的，表现形式多种多样，具有鲜明的时代性。也就是说，在不同社会条件下，生态建筑的含义和表现可以是不一样的，因而不能超越时代背景限制将不同的建筑作对比研究，它们性能的差异是不可比较的，也是没有实际意义的。

生态建筑在不同地区的目标不同。对城市生活而言，生态建筑就是在保持目前生活标准的前提下利用一切必要的技术手段以减小能源使用量；而对于西北荒漠化地区乡村民居，生态建筑首先是如何提高居住生活质量，其次才是在能源资源和经济条件的限定范围内考虑节约和高效利用。

现代社会取得的巨大成就，现代科学技术带来的变化使人们欢欣鼓舞，人们可以有效地利用技术手段控制自然环境从而最大限度地为自身服务，生活似乎变得更加方便、舒适、安全，但是现代科技在极大地改变人们物质生活条件的同时，也给人的生存造成意想不到的危机和风险，诸如环境污染、生态破坏、生存环境恶化等。

满足人的需求是第一位的。随着生产力的提高，人们的需求总是越来越高，希望过得越来越好，这是正常且合理的。需要满足人的需求发展，让人们生活得越来越舒适，与时代发展同步，这是无法回避的。

在现实生活中，存在需求的无限性与资源有限性的矛盾，客观上要求人们必须走可持续发展路线，建筑也不例外。生态化是建筑在可持续发展基础上处理"环境、经济和功能"因素的必由之路。如图 3-5 所示，可持续发展需要在社会、环境与经济之间找到交集，也就是说需要同时考虑这三方面的要求。

图 3-5　建筑可持续发展涉及的因素

3.4.2　居住需求的可变性决定建筑形态的多样性

1. 马斯洛需求层次理论

1943 年，美国心理学家马斯洛 (Abraham Harold Maslow，1908 ~ 1970) 在其论文《人类动机论》(A Theory of Human Motivation)中提出了动机理论，又称需要层次理论(Hierarchy of Needs)。该理论认为，在人类动机的发展和需要的满足之间存在着密切的关系，需求激励了人们的主动性和创造性。人的需求层次有高低差异，按其重要性和发生的先后次序排列成五个需要的层次等级，依次是生理需求、安全需求、社会性（归属与爱）需求、尊重需求、自我实现需求等。其中，最基本的是生理需要和安全的需要。从某种意义上看，对基本需要的满足和实现促使了建筑的起源与发展。

马斯洛认为上述五种需要像阶梯一样从低到高，按层次逐级递升，具有鲜明的层次性，但这种次序并非完全固定的，是可以变化的。一般地，某一层次的需要相对满足了，就会向高一层次发展，追求更高一层次的需要就成为驱使行为的动力，如图 3-6 所示。

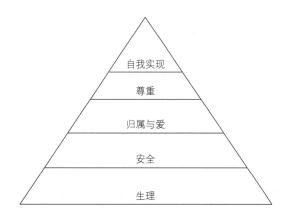

图 3-6　马斯洛需求层次理论图示

人人都潜藏着这五种不同层次的需要，但在不同的时期所表现出来的各种需要的迫切程度是不同的。只有那些最迫切的需要才能成为激励人行动的主要原因和动力。当低层次的需要基本得到满足以后，其激励作用就会降低，更高层次的需要会取代它成为推动行为的主要原因。

根据马斯洛需求层次理论，并结合民居的发展历程，可以发现，民居产生之初必须优先解决人的生理和安全的需要，因为它直接关系到人类的生存问题。在民居研究中，将它称之为"生存优先"原则。在此之上，由于人类生存技能提高，生产的进步和生活质量改善，民居开始追求归属与爱、尊重和自我实现的更高需要，民居建筑所附带的意义逐渐加大。

2. 蒋高宸教授居住需求层次分析

蒋高宸教授通过对云南民居的研究，认为建筑活动是人类生命活动的一种特殊表现形式，居住和建造行为是人们对自然环境所产生的心理活动的合理反应。

通过分析民居建筑的发展历程，可以发现，人类对建筑空间的基本需求恰是促进空间进化的原动力。建筑空间与自然环境的根本区别在于，建筑空间是以满足居住需要为目的而由人类自己创造出来的区别于自然界的人工事物。如果缺少最基本的对于安全和庇护属性的居住欲望的追求，人类恐怕永远不可能摆脱原始自然环境的束缚，只能像其他动物一样，屈从于环境的约束，仍然居住在天然的巢穴中，过着风餐露宿的原始生活。

蒋高宸教授经过对云南民居的研究，认为"人是民居建筑的核心"[1]，居住和建造活动是人类生命活动的一种特殊表现形式，是人们对自然环境所产生的心理活动的合理反应。由于现实条件往往不够理想，甚至十分恶劣，而人的生命又需要相对稳定的物质与环境条件保障和维系，因此生理与心理需求推动了有关的建筑行为，继而形成了适宜各地自然条件的居住建筑类型和对应的建筑技术，因此需要对人的居住心理和行为进行研究，掌握民居发展的推动力。

根据民居建筑的特征、发展历史与马斯洛的层级理论，蒋高宸教授将人的居住需要层级由低到高作了如下分析：生存优先→经济优先→质量优先→人格优先[2]，如图3-7所示。可以发现到，这一层次顺序和马斯洛顺序是基本一致的，也是本着先低级再高级，先生理再心理的顺序，其主要贡献在于确定了经济性在居住需求层级中的位置和次序。

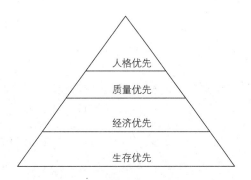

图3-7　蒋高宸居住需求层次

经济优先位次的确定与人们的观察和感受基本是一致的，它可以很好地分析和解释民居发展中的现象和诸多问题。一般来说，在民居建筑中一些看似奇怪的做法，例如新建的住宅中会搭建一些临时性的构建，如遮阳棚、杂物间等，它们的形式、材料、颜色等可能

❶　蒋高宸 . 广义建筑学视野中的云南民居研究及其系统框架 [J] . 华中建筑，1994，12（2）: 66。
❷　蒋高宸 . 多维视野中的传统民居研究——云南民族住屋文化·序 [J] . 华中魂筑 1996，14（2）: 22。

和新建筑有巨大的反差，但也能够被大家接受，并且这种类似现象往往普遍存在，其中原因应该是经济优先原则在起作用。再如，由于受资金的限制，人们往往会将建筑的质量属性位置后移，而将面积、房间数量等基本生理需求问题予以优先保证，这就解释了现在乡村民居重房间数量、轻建筑质量和居住舒适度的现象。

3.4.3 外部条件的复杂性决定建筑形态的多样性

总的来看，不同地域自然条件、气候特征、宗教文化、经济发展水平等建筑外部条件都会造成建筑原型的多样性。虽然表现形式千差万别，但他们所遵循的基本规则和目标都是一样的，即不管是否愿意，与环境之间的关系是抹杀不掉的。

根据自然决定论与生物多样性原理可知：不同的自然环境会生长孕育出不同的物种；同样的物种在不同的环境内生活，受环境影响也会发生相应的变化，呈现出差异性，形成新的生物体。这是世界多样性的基本原理。同样的，建筑在发展中也会呈现出多样性，这是大家都知道的现象。不同地区、不同文化、不同时代下的建筑表现形式都不一样。生态建筑同建筑的多样性一样，都是人们出于居住的实际需求而对环境选择和适应的结果，多样性的变现方式反映了建筑对环境的真正适应。

多样性是建筑对环境应对的理性表达。不同的自然环境孕育出多样性的建筑物，呈现出不同的特点。对环境的不同反应决定了建筑的基本形态，再加上使用人的区别、经济基础和文化背景差异性的影响，建筑表现得千奇百怪，无所不有。不同地区间的建筑在造型、材料、色彩、构造做法、价格等方面都体现出了多样性，形成了丰富的建筑世界。

例如，在西北地区各自的地域小环境下发展起来的建筑形式有窑洞、合院、庄窠、高房子等形式。某种意义上说，它们与外界环境的关系就是生态的，只是以现代的观点和标准审视时不够舒适和便利。但是由于相对落后的生产力和改造环境的能力，虽然环境友好，但是这些建筑居住质量并十分理想，甚至还需要借助人的忍耐力才能维持建筑的运行。

人类社会进入近现代社会后，因为科技水平的提高，人们具备了更强的能力去干预自然，营建更舒适的室内环境、更安全的场所、更便捷的建筑空间。不同的技术手段对资源环境和经济水平的依赖程度不同，因此，就会出现不同层次解决居住问题的技术方案。有的追求高投入、高效率、低环境负荷；有的追求低成本、低效率、高环境负荷，介于两者之间的是适宜的经济投入、适中的效率和可容忍的环境压力。当然，在建筑形成过程中事实上可以有无限种技术方案组合的可能性，也就意味着在同一目标追求下建筑表现形式的丰富性。

生态建筑是社会发展的阶段性产物，具有鲜明的时代特征。不同的人，对它的认识有差异；不同社会阶段，对生态建筑理解不同；不同的经济水平对它的成本承担能力有区别；不同的环境条件下，生态建筑的侧重点和要求不同；不同的使用功能和建筑类型，所面临的问题也不一样等。

抽象地看，生态建筑多样性表达的原因在于：①自然环境（地理、气候、资源等）及人的生存行为方式（性格、人际关系、价值观、生活生产活动等）和社会环境（经济、文化、宗教等）的丰富性；②不同情形下，在人类主观意志的驱使下会选择不同的目标、平衡点与组合方式，造成生态建筑多样性的合理存在。

因此，需要从上述两个方面对课题进行研究，所涉及的基本原理也可以据此划分。

内部原理主要从人的基本需求和民居建筑所应具备的特征出发，大致包括：人的基本需求、建筑本体论、建筑技术规律（结构合理、材料得当、物理环境舒适、能耗小）等。可以简单概括为建筑的自然属性、自然规律。其中，建筑技术规律的研究内容并非本书主要内容范畴，故本书略。

外部原理主要从人的社会性、建筑与外部的关系出发，大致包括：人类社会学理论、环境决定论、自然选择论、经济规律。可以简单概括为建筑的社会属性、社会规律。

3.5 民居生态化表达的多样性

3.5.1 传统民居生态建筑经验的实质与局限

"科学"特指人类运用逻辑与理性的方式认识自然界和社会的方法，以及循此方法建构而成的知识体系。凡是不按照这样的方法形成的认识体系、思维或观念上的东西，都叫作非科学。从历史的发展来说，现代意义上的科学应当从文艺复兴时期的实验科学兴起，学者的理性主义与工匠的经验主义结合的时期算起，它已形成了一套比较成熟的方法和庞大的体系，至今仍在不断发展和完善的过程中。

人类对于世界的认识，最初来自于经验，并且经验的获得又具有偶然性。多次的偶然和通过反复的试错似乎摸到了规律，但往往却只抓住了表面现象。古代人冶炼金属的过程、四大发明、传统民居等都来自于经验，而不是在科学指导下取得的成果，是经验技艺而不是科学，把它提高到科学或科技成果的高度是不严谨的。

"经验"是人类认识的低级阶段，只是知其然，而不知其所以然。由于不了解现象后面的本质，就难以做到深入认识自然和改造自然。

科学家往往也结合经验工作，但必须对经验进行加工，需要把分散的经验事实上升到一般性的普遍规律，总结出定律。

科学的猜想叫作假说，它必须以已有的科学理论和观测事实为依据，通过逻辑推理建立理论。因此，科学理论建立在上述三个层次之上：一是被实践检验的、被普遍承认和接受的理论或理论框架；二是通过观察或实验得到的观测事实；三是科学的想象。

科学的特征：①科学实用的术语和科学概念必须有明确的内涵与外延，不能产生歧义；②理论的建立必须依据观察和实验，且具有可重复性；③逻辑结构严密，前后衔接，理论体系内部必须自圆其说，不能前后矛盾，并且尽可能用已有概念去解释新理论；④体系结构必须遵循简单、秩序原则（简单、秩序、和谐）；⑤科学理论在原则上应当可以接受实践检验，可以被证实，也可以被证伪。

西北荒漠化地区乡村民居建筑在种种不利的条件下，逐渐形成了一套有效地应对恶劣条件的建筑经验，在很长的历史阶段发展内，基本满足了人们的要求。但是客观地说，这些经验和做法也有其局限性，需要客观地认识和看待，而不能无限制地推广或夸大。尤其是在现代科技、可持续发展观与生活方式的影响下，更要注意传统建筑经验的科学利用与继承问题。

1. 传统农业经济的产物，舒适性不高，具有时代的局限性

传统民居建筑起源于农业生产生活、落后的经济条件、受限制的需求标准，是在这些限制因素下的一种平衡状态，可以说是一种无奈的、被动的选择。就具体的技术指标而言，它是无法和现代建筑的各项指标相比较的。所谓的"冬暖夏凉"特点也是和其他被实践证明不合适的建筑形式或技术相比较；所谓的低能耗也首先是以牺牲人的舒适性，强调节约为基本前提的，是基于压缩和限制人的需求标准条件下的状态。所以，传统民居在当代与现代建筑的竞争中，在指标上难以满足人们日益提高的要求，处于劣势。

现代建筑首先强调对人需求的最大满足。现代建筑发展的基础是工业化、社会分工和经济发展，设计目标就是要满足人的生产生活活动需要，几乎可以最大限度满足人对建筑环境的各种需求，包括安全性、温度、湿度、采光、气流速度等，由于过分依赖技术和能源的消耗，由此却忽视了环境问题，造成建筑的反生态特性。

2. 技术经验的失措与积累，具有理论和方法的局限性

民居建筑是在经历了不断地复制、失败、再尝试、再失败的过程，通过优胜劣汰、适者生存规律发展形成和完善起来的技术技巧的积累和优化。一般人很难掌握或者指出技术手段与问题及目的之间的内在关联。一提起传统民居，人们想到的往往就是一些具体的形式和技术措施，譬如四合院、夯土、马头墙、土炕、坡屋顶等❶。这些只是传统建筑生态经验的不同表现形式而已，并非生态经验的核心内容。

民居生态建筑经验由于缺少科学的系统化过程，在理论上没有建立起完整的系统，在方法论层面缺少"问题—解决"的直接应对关系和相应的应变机制，技术不能及时跟进，在时间上存在滞后与错位。这样就存在一种潜在的缺陷，只能存在于相对稳定的自然与社会环境中，当外界或内部条件发生变化，打破了依靠经验建立起来的平衡，则又需要通过

---

❶ 王竹，范理扬，王玲．"后传统"视野下的地域营建体系 [J]. 时代建筑，2008（2）：28-31。

技术的再次实践和调整达到新的平衡，这就需要漫长的时间和挫折的过程，伴随着产生了种种不合理的现象。

3. 强调适应环境，忽视建筑质量的改善与提高

受传统自然观的影响，在民居营造上，往往单方面地强调尊重环境，与自然协调，加上传统建筑技术的限制，所以难以创造出舒适的建筑环境。

在人工与自然的取舍上，更多地偏向于服从自然。但自然环境条件毕竟还是十分简陋甚至严酷的，尊重自然的技术路线是无法为人们提供高质量的居住环境，只有通过现代技术才能从根本上改善居住建筑的水平。关于这一点，其实在现在的比较竞争关系中可以很明确地发现。

3.5.2　民居演变的内部因素分析——人的需求

1. 生产生活方式的变化

随着生产效率提高，人口流动增加，部分农业人口离开土地耕作，转入其他生产行业，这样（虽然他们还生活在农村这样一个环境或者说行政区域）由于其谋生手段变化，相应地，在住宅空间中的行为也出现了差异，居住空间模式也理应有所不同，促使了原有住宅的变动。大致可以这样划分人口与他们的劳动方式：

农业耕作——原来劳动效率低，居住与农业生产活动联系密切，空间上无法分开，许多生产活动在住宅中完成，需要相应场地和空间。

畜牧业——草原放牧，周期性的轮作游荡，居住点规律性迁移，居住与生产活动联系密切。

工厂化养殖——大规模的养殖生产，上下班的方式，导致劳动与居住生活分离，住宅中居住功能单纯化，基本无需再考虑在住宅中的生产性活动。

商业交换——基本同上。

外出打工——与城市人口的生活方式十分接近，基本无需再考虑在住宅中的家庭农村生产性活动。

本书着重讨论那些依然主要从事第一产业的人的居住环境问题。从 20 世纪 80 年代初启动包产到户的改革后，虽然还是从事农业劳动，但是由于工具的变革、效率的提高、市场化的干预等因素的影响，生产方式与原来几乎完全不同，反映在居住空间上就是与之对应的空间有了不同。

最为显著的变化是由于生产效率的提高，人们在田间从事生产活动的时间缩短，在家庭中逗留的时间增加，对起居活动空间需求增大；其次，在实行农业税收减免后，家庭对储藏空间需求增大，需要专门的储藏室放置原本上缴的公粮，或临时性地存放农业生产产品；还有，就是生产工具与原来不同，农业机械的普及，需要相应的存放空间解决停置需求，

凡此等等。生产生活行为的变化造成原有居住空间的无法满足性，促使了 20 世纪 80 年代兴起的民居建设运动，直至现在还在进行。

2. 家庭结构变化

造成民居建筑变化的原因还有家庭结构类型、人员数量的变化。其中，家庭人口结构的变化对于居住建筑研究而言具有普遍性，城乡皆需考虑。

家庭结构是指家庭中成员的构成及其相互作用、相互影响的状态，以及由这种状态形成的相对稳定的联系模式。家庭结构包括两个基本方面：①家庭人口要素，即家庭由多少人组成，家庭规模大小；②家庭模式要素，即家庭成员之间怎样相互联系，以及因联系方式不同而形成的不同的家庭模式。

关于家庭模式，最常见的分类方法是按家庭的代际层次和亲属的关系把家庭分为：①核心家庭，即由父母和未婚子女所组成的家庭；②主干家庭，即由父母和一对已婚子女，比如由父、母、子、媳所组成的家庭；③联合家庭，即由父母和两对或两对以上已婚子女所组成的家庭，或者是兄弟姐妹婚后不分家的家庭。

中国传统的乡村多以主干或联合家庭结构模式为主。常见的有二代、三代，甚至四代家庭，并且居住建筑空间组织、次序、面积等长期以来与它存在着对应的关系，以四合院为典型代表。20 世纪 70 年代末，我国实行人口控制政策后，家庭人口规模逐步减小；同时由于婚姻观念转变，家庭结构模式也逐渐从主干家庭、联合家庭转变为核心家庭结构为主的形式。分析统计资料显示❶，农村户均人口规模 1980 年为 5.54 人 / 户，1990 年为 4.8 人 / 户，1995 年 4.48 人 / 户，2008 年变为 4.26 人 / 户。造成原有居住建筑空间格局的不适，再加上土地政策的影响，客观上要求对传统民居建筑空间进行相应的调整以满足新的家庭人口结构需要。通过对西北各省的调查，也证明了上述发展趋势。

具体来说，合院民居在空间和形式上是适合传统家庭直系家庭生活的。但家庭结构小型化需要新的空间形态与之对应，包括空间组成、面积分配、功能布局等内容都需要作出相应调整，所以现在这种严整的院落形式被逐渐淘汰，取而代之的是小型的空间单元满足核心家庭居住生活需要。

3. 经济改善，生活标准提高

随着经济水平的改善，居住生活的标准也在提高。传统居住建筑原有的温度、湿度、采光、卫生条件、房间面积、空间组合等条件难以满足人们对理想生活的追求，提高后的生活标准与传统民居产生了矛盾，促使人们去改善这些指标。

例如，传统民居固有的冬季寒冷、室内昏暗、卫生条件差等缺陷对现在的人们来说恐怕是无法容忍的，人们需要自己的居室冬季温暖、夏季凉爽、室内明亮、空气新鲜、设施

❶ 中华人民共和国国家统计局 . 中国统计年鉴 2009[M]. 北京 : 中国统计出版社，2009。

方便。这些需求是合情合理的，在经济上也是可以承担的。这样，诸如空调、照明起居等环境控制设备开始大量进入民居。

另外，子女与父母之间、不同性别子女之间分室居住，各自拥有相对独立的起居空间的要求对于传统民居建筑空间而言也是难以实现的。

4. 需求的不断提高

众所周知，人的需求有层次高低之分。在很长时间内，对于居住的需求仅仅是满足生存的基本生理需要，因为视野、经济能力所限更高的需求无从谈起。但是，随着经济水平的提高和视野的拓展，更高的需求变成可能，渐渐地成为驱动人们行为的动力。在满足了遮风避雨的基本需求之后，希望居住生活更体面，更有尊严，更能得到别人的认可等，这些想法都会对已有的建筑提出新要求，并反映在新建筑上面。

也就是说，因为人们想法和需求不断地变化和提高，建筑就需要不停地去改变以满足和适应人的需要，成为需求变化的结果。需要指出的是，建筑变化的原因并非来自于建筑本身，而是源于建筑的使用者和建造者——人，是人的主观因素决定了建筑的发展。

5. 价值观与审美观的变化

长久以来，我国普遍存在的城乡差异使人们对城市生活充满了向往和追求。这样一来，城市的事物往往成为人们的目标和理想，忽视了自身的基础条件和特色的挖掘。

一方面，相对城市居住生活而言，乡村在基础设施、建筑状况等方面都显得十分匮乏；另一方面，即使条件再恶劣，人们对美好、舒适生活的向往与追求始终没有停止过，一有机会就会促发相关的建造行为去改善生存状况。

乡村传统民居的空间组合、建造造型、装饰水平等方面都是与当时的价值观、审美标准相适应的，是在传统手工业生产水平下产生并酝酿成熟的。现代工业文明和市场经济活动也将新的价值观与审美标准带到了乡村，部分或全部地改变了原有的想法。现实与意识形态之间的差距成为人们主动尝试改变传统民居建筑的行动。

3.5.3 民居演变的外部因素分析——社会

1. 土地与宅基地变化对民居提出新要求

长期以来，因为农村相对分散的生产形式和土地的所有制，人们往往是在自己的土地上建造住宅。即使新中国成立后土地收归国有，但是农民建造住宅的土地仍然是不需要购买的，而是通过宅基地划拨的方式就可以取得。

人口的快速增加，从新中国成立后约5亿人口增加到20世纪80年代10亿，21世纪的13亿人口，意味着人均土地面积减少了一半还多。在农村，不同时期宅基地面积也在同步地逐渐缩小。以银川平原地区为例，户均宅基地从新中国成立后的1.5亩，减小到20世纪80年代的1亩，90年代的0.6亩，直到最近的0.4亩。

农村住宅建设与土地关系密切，宅基地面积的变化也势必会影响到民居建筑的形式。可想而知，民居占地从1亩多到0.4亩的变化对于乡村民居而言其影响绝对不只是减少几个房间，缩小院落面积那么简单。

事实上，在这一过程中，乡村民居院落空间布局、功能组成、内外划分、尊卑秩序等都发生了彻底变化，由原来依靠院落空间组织民居建筑的方法走向相对集中的布局，将尽可能多的活动内容集中在一起，由于没有处理好相互的关系，带来了功能混乱、干扰加大、卫生条件差等问题。

例如，卫生方面的考虑，在传统的乡村民居在院落布局上都会加大牲口、家畜饲养空间与起居空间的距离以减少干扰，但是由于占地面积的减少这种距离不得不缩小，相互干扰加大成为必然。也就是说，宅基地面积的急剧缩水导致传统院落布局形态难以直接维系下去，需要寻找新的形态去满足生活的需要。在土地面积有限的情况下，住户大多数情况下只能选择保留中间的主要居住建筑，缩小前院空间，同时取消或缩减两侧的偏房，形成了现在在全国各地农村都能见到的院落形式。

2. 快速发展的经济使民居建设成为可能

由于经济活动的长期停滞，新中国成立后的几十年间乡村居住状况十分恶劣。原有的质量较好的建筑由于缺乏维护而破败，新增的居住需求由于资金缺乏而得不到有效满足，多以简陋的临时性建筑替代，人均居住面积十分有限，且居住建筑质量很差，甚至安全问题都得不到基本保障。居住的便利性、舒适性根本无从谈起。资料显示[1]，1978年中国农村人均住房面积仅为 8.1m^2/人，远远满足不了基本的生活要求。

起源于20世纪70年代末的农村土地承包责任制为代表的经济体制改革，彻底解决了长期困扰我国城乡的吃饭问题。在这一改革的过程中，农村也逐步摆脱了贫困，走向日益富裕的生活，经济收入不断提高。改革开放30年，农村人居收入增加了数十倍。据统计，1978年农村人均纯收入133元，2008年全国农村平均为4761元，西部省份平均为3582元。从赤贫到小康的发展道路上，人们在满足了吃饭这一最基本生存问题后，又开始改善自己的居住环境，最主要的就是盖新房。

改革开放后，快速发展的经济为人们居住需求的满足提供了基本动力，促发了20世纪80年代和2000年前后的大批农村住宅建筑行为。总体而言，20世纪80年代的住宅建设主要解决了居住建筑安全性和使用功能需求，当然居住面积也得以提升；在此基础之上，21世纪的住宅建设试图提高居住的舒适性和人们对建筑更高的需求，包括美观、社会价值等都成为人们的理想。

因为经济发展了，比过去富裕了，所以才大规模建房子。也就是说，经济的发展使人

---

❶ 中华人民共和国国家统计局．中国统计年鉴2009[M]．北京：中国统计出版社，2009：9-35。

们的愿望成为可能，促发了乡村民居的大规模建设。

需要指出的是，不同地区、不同经济条件下的乡村民居建设是没有可比性的。比如，西北荒漠化地区同江南地区相比经济水平明显低很多，就是在西北地区，经济差异也是十分明显的，但总体而言现在的经济水平还是比 30 年前高很多，使改善居住质量的需求成为可能。

3. 建造技术的变化使传统做法难以为继

传统的建筑形式是与其建造技术一脉相承的，两者不可分割，都带有鲜明的时代性。从技术的角度看，就是技术的自然属性与社会属性的配合关系 ❶。

随着科技进步，建造方法、建筑材料等都发生了根本变革，不应要求用现在的材料、现在的技术去模仿传统的建筑形态、构造，甚至空间的组合特征。这也就意味着现代民居在空间、技术层面必然要发生相应的变化，以适应技术的进步。这时，如果再去一味地模仿某种形式，势必造成建造质量不高，经济浪费等现象。最好的变化是允许建筑作出适应技术进步的变化和调整，才是符合时代进步趋势的。

4. 强势文化信息的传播，新旧建筑比较

促发乡村民居变化的原因还有，人员流动和信息传播而造成的不对称比较，打破了传统民居原来的体系关系。

乡村民居起源、发展于一个相对封闭、稳定的社会系统。建筑的物质实体和文化、价值、精神层面具有同构现象，也就是说它们是不可分割的一个整体。外来文化的传播，打破了"生态"系统原有的平衡，犹如将一只狼放在了没有天敌的草原环境，那么接下来兔子在与狼的竞争中将处于劣势。但是，相信随着实践的推移，狼、兔子和植物之间又会达到性的平衡，只不过这个过程过于漫长，代价也过于残忍。

在一个封闭的环境中，人们无法确认好与坏的标准，也无法找到比较的依据。但是，在城乡居住建筑的比较过程中又往往会发生迷失，因为不清楚应该以何标准和基础进行比较。现实生活中往往将原本无法比较或不应比较的事物进行直接了简单的对比，自然会出问题。

在乡村民居同城市居住建筑比较的过程中，若不考虑两者在自然、社会和经济基础方面的差异，则乡村民居在性能上自然会越比越差。这样，很容易造成一味地学习模仿城市建筑的现象。

5. 市场经济建立对民居建设提出新趋势

改革开放后，打破了农村分散和封闭的经济形态。市场经济体系逐步建立，与建筑有关的人、财、物等各个方面在统一的市场中逐渐流通。原本自己加工、生产、收集整理建

---

❶ 陈晓扬. 地方性建筑与适宜技术 [M]. 北京: 中国建筑工业出版社，2007: 23。

筑材料活动转变为通过市场获取各种必要的建筑材料，同时建造方式也发生了相应的变化，原本自己动手建造的方式转变为通过市场获得劳动力建造的形式。

在这一过程中，关于建筑形式、材料种类、建造方法等由于有更多的人参与进来，不再由住户一个人确定，成为市场的产物。某种意义上看，市场的供应状况决定了乡村民居的形式。例如，因为逐利的原因，市场不供应土坯砖，只有黏土实心砖；市场不供应木材门窗，仅有铝合金门窗可供选择；市场没有会造传统土坯房的工匠可供选择，只有会建砖混住宅的民工等，这就迫使民居建筑从原本个人自己的事情转变为市场决定的产物。

3.6　小结

在本章中，通过生态学的理论分析认为，生态建筑概念具有阶段性、时代性的特点，并辨析了几个常见的认识错误；通过建筑本体论分析认为，人、建筑与自然环境之间是否形成平衡关系标志着建筑是否符合自然条件、社会条件和人的生理需求，这是建筑发展的原因和动力。

生态建筑的目标、标准、途径和表现方式等应随研究对象变化，多样性是理性、合理的表达方式。西北荒漠化乡村民居面临的主要问题是如何在实现改善居住质量目标的同时提高资源使用效率，同时降低对环境的负效应。主要矛盾是如何解决日益提高的居住需求与现实资源无法满足之间的矛盾，理论缺陷在于缺少针对乡村民居的理论框架。

4 西北荒漠化地区传统民居模式的环境适应性

　　西北荒漠化地区民居建筑的产生和发展与其特殊的自然生态环境条件有着密切的关系。本章研究的重点正是从自然环境条件角度探讨西北荒漠化乡村民居建筑形态发展模式，因此必须首先对地区脆弱的自然环境进行初步认识。

　　人类的生存与发展离不开自然环境和资源条件。自然环境为人的生存提供了栖息空间与生活场所，自然资源为人的生产活动提供了对象并获得生存所需的物质。它们大致包括了地质、地貌、土壤、气候、水文、生物、动植等内容形成的综合体，但各自功能有所不同；同时，由于组成要素之间彼此间关系密切，具有较强的综合性和制约性。自然环境的优劣决定了自然资源水平和质量的高低；反过来说，自然资源质量与利用水平则意味着对环境的影响大小。因此，了解和研究西北荒漠化地区环境和资源状况，对于合理获得环境与资源效益，营建可持续发展的人居环境是十分必要的途径。

4.1　荒漠化概念

　　荒漠化 (Desertification) 是人类面临的重大灾难之一。自 1949 年法国植物学家、生态学家奥布雷维尔（A. Aubrèville）首次提出 "荒漠化" ❶ 概念，并开创荒漠化问题研究以来，荒漠化作为当前最严重的全球性环境与社会经济问题之一 ❷，受到国际社会和各级政府的普遍关注。

　　1992 年联合国环境与发展大会正式将荒漠化概念定义为 "包括气候变异和人类活动在内的种种因素造成的干旱、半干旱和具有干旱灾害的半湿润地区的土地退化" ❸。

　　"荒漠化" 是包括自然气候变化和人类活动在内的多种因素相互作用的结果。自然因

---

❶ Aubreville A. Climats，forets，et desertification de Iʹ Afrique tropicale[M]. Paris：Societe de Editions Geomorphiques，Maritimes，et Coloniales，1949：255.

❷ UNCED. Report of the UN Conference on Environmental Development[R]. New York：UN，1992.

❸ 慈龙骏，吴波 . 中国荒漠化气候类型划分与潜在发生范围的确定 [J]. 中国沙漠，1997，17（2）：107-111。

素只是一个方面，而最关键的因素是与人有关的社会经济和政治因素，它们在土地荒漠化过程中起到了促进作用。自然地理条件和气候变异固然是形成荒漠化的必要因素，但其过程是缓慢的，而人类活动加速了荒漠化的进程，成为荒漠化的主要成因。具体比例详见表4-1。

首先，包括生产、生活、民居建设和能源利用在内的人为活动对荒漠化的影响占了很大比重。人口增长对粮食的需求转变为对土地的压力，是荒漠化的直接原因，将其总结为五滥，即滥垦、滥牧、滥采、滥伐、滥用（水）。

例如，游牧民族的传统是以牲畜粪便作为燃料，不需要砍伐林木；以穹庐（蒙古包）作为居住建筑，不需要伐木作屋，因此森林保护很好。但是农耕移民的到来也带来了中原居住文化，樵柴集薪作为燃料，伐树建屋作为居室，因此森林遭到毁灭性砍伐，减少了风沙活动的天然屏障，草原的生态环境遭到破坏，导致了荒漠化。

荒漠化人为因素分析表   表4-1

人为因素	滥垦	滥牧	滥樵	水资源滥用
比例（%）	25.4	28.3	31.8	0.7

来源：刘拓．我国荒漠化防治现状及对策 [J]. 发展研究，2009（3）：65-68。

其次，自然因素造成的荒漠化主要有地理环境因素和气候因素。

地理环境因素方面：主要由于远离海洋和纵横交错的山脉阻隔，使得降水量少，蒸发量大，干旱脆弱的环境加快了荒漠化进程。

气候因素方面：降水减少的同时，伴随气温增高，导致蒸发量的增大，助长了土壤退化，加剧了荒漠化扩展过程，导致了极为严重的后果。

4.1.1 概念与范畴

"荒漠化"是发生在干旱、半干旱及干燥半湿润地区的土地退化，将荒漠化置于宽广的全球土地退化的框架内，从而界定了其区域范围。

据联合国资料 [1][2]，全世界干旱区总面积 5200 万 km^2，其中 70%（约 3600 万 km^2）已发生了不同程度的退化，此外还有 900 万 km^2 的极旱荒漠，受荒漠化影响的土地占全球陆地表面积的 1/4，影响全球 1/5 的人口。

1. 干旱、半干旱和半湿润地区划分

在荒漠化的基本定义（"包括气候变异和人类活动在内的种种因素造成的干旱、半干

---

[1] UNEP Global assessment of land degradation/desertification-GAP Ⅱ [J].Desertification Control Bulletin，1990（18）：24-25.
[2] UNEP World atlas of desertification.[R]. London：Edward Amold，1992：69.

旱和具有干旱灾害的半湿润地区的土地退化" ❶ ）中，"干旱"、"半干旱"和具有"干旱灾害的半湿润地区"这三个基本概念又和降水量、蒸发量有直接关系。学界往往使用"干燥度"（干燥度定义为长有植物地段的最大可能蒸发量与降水量之比值）这一参数描述和划分气候。干燥度计算与气温、日照百分率、平均水汽压（或平均相对湿度）、平均风速等要素有关。

根据年平均干燥度可把我国的干湿地区划分如下：干燥度小于 1.0 的为湿润区，干燥度为 1.00 ~ 1.49 的区域为半湿润区，干燥度为 1.49 ~ 4.00 的为半干旱区，干燥度大于 4.00 的为干旱区。

（1）湿润区：在我国湿润区（干燥度小于 1.0)，年降水量一般在 800mm 以上，空气湿润，蒸发量较小。自然植被是各类不同的森林，耕地以水田为主，水稻为主要粮食作物。主要分布在秦岭—淮河以南的广大地区；其他分布在青藏高原东南部边缘及东北三省的北部和东部地区。

（2）半湿润地区：在我国半湿润地区（干燥度在 1 ~ 1.49 之间），降水量一般在 400 ~ 800mm。降水主要集中于夏季，春旱严重，气温温和，日温差大。自然植被为森林草原和草甸草原。属湿润地区森林带和半干旱地区草原带的过渡。耕地大多是旱地，水田只分布在有灌溉的地区。

（3）半干旱区：在我国半干旱区（干燥度在 1.50 ~ 3.99 之间），年降水量一般在 200 ~ 450mm，蒸发量明显超过雨量很多。自然植被是温带草原，耕地以旱地为主。包括内蒙古高原的中部和东部，黄土高原和青藏高原的大部。整个半干旱地区从东北向西南分布，该地区是我国最重要的牧区。

温带半干旱区特点：日照较强，蒸发较小，干燥；日温差大，变化剧烈；降水时空分布不均匀，年平均降水量 200 ~ 450mm；无霜期 120 ~ 180d；春季风沙多，风作用强烈；植被较丰富。

暖温带半干旱区特点：1 月平均气温 –4 ~ –8℃，7 月平均温度 18 ~ 22℃，最低温度 ~ 20℃。年降水 350 ~ 450mm。

总的来说，本区自然特征：气候温和，温带草原占绝对优势，广泛分布。

（4）干旱区：在我国，干旱区（干燥度＞4 的地区）包括温带和暖温带干旱区，主要分布于西北内陆地区。

温带干旱区特点：水热分布极不均衡，夏炎热，冬季漫长，多风沙，温差大，光照充足。1 月平均气温 –9 ~ –28℃，7 月平均气温 20 ~ 29℃，无霜期 90 ~ 150d。降水分布时空极不均匀，年降水量小于 200mm，很多地区甚至小于 50mm。土壤贫瘠，生产力低下，自然景观是半荒漠和荒漠，只有在有水源的地区可发展绿洲农业，局部地区可发展牧业。沙尘

---

❶ 慈龙骏，吴波 . 中国荒漠化气候类型划分与潜在发生范围的确定 . 中国沙漠，1997，17（2）：107-111.

天气频发，灾害性天气多，对生产生活影响大。

暖温带干旱区特点：日照丰富，温差较大，年平均温度 11℃。降水稀少，且主要集中在夏季。风沙活动强烈、频发。

总的来说，干旱区自然特征：水分匮乏，干旱少雨，风沙强烈，植被稀少，荒漠化严重。

2. 等降水曲线图

根据湿润区、半湿润区、干旱区、半干旱区与降水量的关系，可以抽象出 800mm、400mm 和 200mm 等降水曲线图，其中 400mm 和 200mm 等降水曲线均分布在西北地区。

800mm 年等降水量线：沿秦岭—淮河一线向西折向青藏高原东南边缘一线，也是湿润地区与半湿润地区分界线。此线以东以南，年降水量一般在 800mm 以上，为湿润地区；此线以西以北年降水量一般在 800mm 以下，为半湿润地区。

400mm 年等降水量线：大致是沿大兴安岭—张家口—兰州—拉萨一线，最后到喜马拉雅山东部，是半湿润地区与半干旱地区分界线。此线以东年降水量一般在 400mm 以上，为半湿润地区；此线以西年降水量一般在 400mm 以下，为半干旱地区。

200mm 年等降水量线：从内蒙古自治区西部经河西走廊西部以及藏北高原一线，是干旱地区与半干旱地区分界线。

4.1.2　荒漠化危害

1. 威胁生态安全

生态环境恶化，系统功能紊乱。荒漠化加剧了生态环境的恶化进程，天然植被退化，生物多样性丧失，原有生态平衡被打破，风沙地貌发育，水土流失，大气尘埃增加，空气污染加重，环境质量下降，自然灾害发生概率增加，生存环境的质量降低。

2. 压缩生存发展空间

虽然西北地区面积十分辽阔，但由于荒漠化的危害，土地衰退，大量土地不适宜耕作或居住，发展空间受限。据前文资料推算，2004 年我国西北地区荒漠化土地面积占西北地区国土面积的 71%，是我国荒漠化发生最严重的地区。受荒漠化危害影响，村镇聚落生存环境恶化，农舍、道路、土地等被填埋现象屡见不鲜，很多聚居点被动地多次搬家。例如，汉唐时期在河西走廊上盛极一时的楼兰古城、桥湾城、锁阳城、交河故城的消失，被认为是荒漠化压缩生存空间的结果。

3. 土地衰退生产力降低

根据荒漠化定义，由于人们不加节制的环境与资源利用方式，加剧土地干旱、沙化、盐碱化和水土流失，致使土地含水率下降，肥力急剧流失，土壤墒情变差，直接造成土地农业生产能力下降。

4. 经济损失严重，加剧贫困

据《中国荒漠化灾害的经济损失评估》和《我国荒漠化防治现状及对策》等文献记载，荒漠化地区现有国家级贫困县 101 个，占全国贫困县 592 个的 17%。受荒漠化影响，我国每年直接经济损失达高达 540 亿元，使东西部、边疆与内地、民族之间贫富差距进一步加大。据统计资料分析，2005 年全国、东部地区、西部地区人均 GDP 分别是 13193 元、23012 元、9536 元，西部地区人均 GDP 相当于东部的 72%。

5. 影响社会协调发展

社会文明的兴起、发展离不开生态环境的支持，良好的生态环境，充裕的生态环境资源是社会文明进步的重要支持。

6. 增加了居住的难度

由于荒漠化存在上述危害，这些危害又形成合力，直接或间接地对乡村民居建筑产生了不利影响。由于土地退化、环境的恶化、植被退化等导致的生产力下降和经济贫困，严重地制约了人们改造自身居住条件的能力和物质基础，客观上增加了改善民居建筑质量的难度，形成了长期以来的民居建筑质量不佳的面貌。

4.2 西北荒漠化地区生态环境

我国西北地区地处内陆，由于降水稀少、日照强烈，导致气候干旱，土地退化，很多地方处于荒漠化状态，经济发展水平较低。西北荒漠化地区典型的特征是自然条件恶劣、生态脆弱、经济落后、社会发展水平低。

4.2.1 概况

我国是受荒漠化危害最为严重的国家之一，具有面积大、分布广、扩展速度快等特点。资料显示 ❶，2004 年全国荒漠化土地面积为 263.62 万 km²，占国土总面积的 27.46%，广泛分布于全国 18 个省的 498 个县，面积占国土总面积的 1/4 强。

受自然地理气候环境和人类活动的影响，荒漠化土地分布在空间上也极端不均。据统计，新疆、内蒙古、西藏、甘肃、青海、陕西、宁夏、河北等 8 省（自治区）的荒漠化面积占全国的 98.45%，如图 4-1 所示。其中西北五省区（新疆、甘肃、青海、宁夏、陕西）荒漠化面积占全国面积的 56%，其中，新疆、甘肃、青海、宁夏、39.8%、7.6%、6.4%、1.2% 和 1.1%（表 4-2）。可见西北地区是我国荒漠化土地的主要分布地区之一。因此，某种意义上看，荒漠化问题就是西北地区的典型问题。

---

❶ 中华人民共和国国家林业局 .2005 中国荒漠化和沙化状况公报 [R]. 北京：2006。

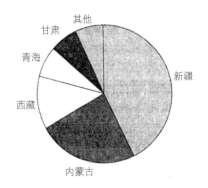

图 4-1　地理意义上的西北地区各省区荒漠化土地面积分布比例

来源：吴成亮等.试论西北地区荒漠化社会经济因素影响和相关对策[J].西北农林科技大学学报，2008,8（2）：36-39

西北地区及分省荒漠化土地面积表　　　表 4-2

省区	新疆	甘肃	青海	宁夏	陕西	西北地区
面积（万 km²）	104.4	19.9	16.7	2.9	3.0	146.9
比例（%）	71.1	13.5	11.4	2.0	2.0	100

来源：《荒漠化防治工程建设问题调研报告》

1. 西北地区荒漠化类型

西北地区荒漠化土地分布广，跨越了几个不同的气候地理带，分布在不同气候带的荒漠化又各具不同的发展特点。

按照气候类型区划分，西北地区荒漠化可以分为干旱区荒漠化、半干旱区荒漠化、亚湿润干旱区荒漠化等三种类型。其中，干旱区荒漠化土地面积为 115 万 km²，占荒漠化土地总面积的 43.62%；半干旱区荒漠化土地面积为 97.18 万 km²，占荒漠化土地总面积的 36.86%；亚湿润干旱区荒漠化土地面积为 51.44 万 km²，占荒漠化土地总面积的 19.52%，如图 4-2 所示。

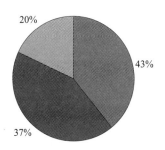

■干旱 ■半干旱 ■亚湿润干旱区

图 4-2　西北荒漠化土地类型面积比例

来源：作者根据汇集数据自绘

（1）干旱地带的荒漠化。干旱地区包括新疆大部、内蒙古西部、甘肃西部、青海西北部及宁夏的一部分，以沙质荒漠化土地为主。主要分布在：①绿洲边缘，由于过度樵采所造成的固定沙丘植被破坏而形成的以沙丘活化为主要特征，如塔里木盆地南缘绿洲和准格尔盆地北缘各绿洲外围等地；②内陆河流域中下游地区由于水资源利用不当，以及农场周围固定沙丘上植被被破坏所造成的土壤次生盐渍化与沙丘活化，如塔里木河中下游、宁夏平原。

（2）半干旱半湿润地带的荒漠化。陕西北部、宁夏东南部与内蒙古中东部、河北省与山西省北部地区成为中国沙质荒漠化蔓延最显著的地区。陕西北部及宁夏东南部荒漠化特点是沙漠化发生与干旱年、干旱季节有关，过度开垦土地导致的荒漠化问题突出。水蚀荒漠化主要分布在黄土及黄土状堆积物地区，如黄河中游陕西、甘肃、宁夏等省的峁状丘陵及源、梁边缘等地。

2. 西北地区荒漠化类型影响人口

对《2009中国统计年鉴》数据进行整理，西北地区受荒漠化影响总人口约9690万，其中农业人口约5910万，占总人口的60%。可见，在受荒漠化影响的西北地区，人口构成还是主要以农业人口为主导的，农业经济形态在这里还占着十分重要的地位。目前，该地区是国家重要的农业基地。

本书主要研究西北荒漠化地区以农业生产为主要生产形式的人群居住建筑问题，包括游牧、农耕等形态，不涉及城镇的居住建筑问题。

4.2.2　恶劣的气候

干燥的气候既是荒漠化的原因，又是荒漠化的具体表现。就西北荒漠化地区的气候特征而言，大体可以分为干燥严寒和干燥寒冷两类。

荒漠化地区覆盖了西北地区大部分面积，具有独特的气候资源特征。从生产和使用价值角度看，气候条件主要包括了太阳能辐射、温度、降水、湿度、风能等。在了解气候资源特点的基础上，研究气候资源及其潜力的目的在于探寻建筑中高效率利用的途径和方法。

1. 太阳能辐射强度大

太阳辐射能是地球表层能量的主要来源。地球上一切生命现象和非生命现象的能量基础几乎都来自太阳能。因此，研究地区太阳辐射量，对于人类合理有效地利用光热资源具有十分重大的意义。

我国西北荒漠化地区由于地势较高、干旱、云量少、太阳光照时间长而成为我国太阳辐射能的高值区。年总辐射量大都在 $544 \sim 670kJ/（cm^2 \cdot a）$ 之间，远高于东部沿海和华南地区以及全国平均水平，是我国太阳能资源最丰富的区域之一，有充足的利用潜力。

太阳能辐射作为地表能源的主要来源，直接决定人类生存所需要的农产品的光合作用和产量，同时也会影响农业生产的环境因素，例如温度、用水条件、二氧化碳、养分等，当所有这些因素都处于适宜和协调的条件下，农作物可能达到最高产量。西北荒漠化地区理论太阳能农业生产潜力远高于东部地区。目前，该地区水资源缺少的现状限制了太阳能资源的利用潜力提高，导致了农业生产的衰退。

2. 低温寒冷，日较差大

气候概念上的温度主要指空气温度，是空气冷热变化程度的物理量。空气温度受太阳辐射、纬度、大气环流、地表状况、海拔、水文、植被条件等影响，具有明显的地域性特点。

温度对人类生产、生活有巨大的影响，它在冷暖变化节律方面影响人的生活秩序，影响农业生产类型、布局和产量，影响建筑和交通等社会生活的各个层面。

我国西北荒漠化地区大部分地区属于严寒寒冷地区。

温度受海拔高度、纬度及山体地理影响，温度分布具有区域差异，这种差异反映在农作物类型与分布、建筑形态方面。

3. 降水稀少，气候干旱

降水量、时空分布、降水形成对于西北荒漠化地区的生态环境、生产生活布局起着决定性作用，同时也是荒漠化形成、空间分布、农业与自然资源利用等的决定性要素。

大气降水主要来自海洋，各地降水的多少主要受地理位置、大气环流及地形的影响。西北荒漠化地区地处欧亚大陆腹地，距海洋较远，加上山脉阻挡，水汽难以进入，因而降水偏少；加上蒸发强烈，表现为干旱特色明显。时空分布方面，在季风气候格局下，冬春季以西北风为主，干燥而寒冷；只有夏季海洋气团才能到达干旱区东南部边缘，带来少量降水。

西北荒漠化区的降水具有如下特点：①降水稀少，年降水量一般在400mm以下；②降水时间分布不均，降水量主要分布在夏季，一般占年到降水量的70%以上，冬季降水量很少；③多以暴雨或阵雨降水为主，一年的降水总量往往只集中在几场降水中，容易引起阵发性洪灾，而一年内大部分时间又无降水，引发长期干旱。因此，利用大气降水蓄水和应用新技术节水是本地区水资源利用战略的核心，在居住建筑中可以考虑最大限度利用降水特点，改善居住质量。

4. 风沙侵袭严重

风沙流是指风力挟带地表沙尘颗粒的气固态两相混合流。风沙的动力条件是自然界的大气流动，主要受天气系统过程控制。形成风沙流的另一个必要条件是地表沙尘物质能够被风力带动，进入气流中运动。

西北荒漠化土地总体上属北半球温带荒漠化地带的一部分，但受强烈的东亚季风气候影响。荒漠化地区冬春季节大气处于西风、北风带控制之下，气候干旱多大风，风沙活动强烈。夏季大气活动与冬季几乎相反，降水丰沛，风力衰弱。因此，北方地区的灾害性风沙天气一般发生在冬春季节。

疏松的地表是风沙流形成的物质基础。西北荒漠化地区大量存在的干旱沙漠、戈壁和退化土地中大量存在的固体颗粒，为风沙流的形成提供了物质条件。风沙流在大风与地表沙尘物质双重耦合条件下形成，严重地影响着更大区域的生态环境和生活。

4.2.3　脆弱的生态环境

一般而言，在生态环境系统中，水分、空气、土壤、生物、阳光是最基本的要素。自然资源指那些天然存在于自然界，可供人们利用、生产，并获得物质财富的物质综合体，与自然环境关系密切、互相依存。按照自然资源成分的存在形式及在生产中的作用可以分为：气候资源、土地资源、水资源、生物资源、矿产资源。其中，气候资源包括了太阳能辐射资源、降水资源、风资源等，水资源包括了地下水、地表水等，生物资源包括了植物资源、动物资源、微生物资源，矿产资源包括了能源、金属资源、非金属资源。

1. 生态环境脆弱性的概念

生态环境的脆弱性包含三个层次的意义：一是存在内在的不稳定性；二是对外界的干扰或变化比较敏感；三是受到外界干扰或外部环境变化，容易某种程度的损失或损害，并且难以复原❶。

造成一个地区环境脆弱的原因概括起来大致有两方面：一是系统内部结构存在的先天性缺陷决定了该系统稳定性差，敏感性强，称之为结构型脆弱；二是外界的压力或干扰易使系统遭受损失或产生不利变化，称之为胁迫型脆弱❷。

对于胁迫型脆弱而言，来自外界的压力包括人类的各种活动对环境的不利影响，以及外部环境变化导致的系统平衡破坏。人类的各种活动指人类为了生存目的而开展的经济与社会活动，包括耕种、畜牧、工业生产、矿物采掘、建造居所等。外部环境变化主要指全球或区域气候的变迁，如厄尔尼诺现象等。

从结构型脆弱和胁迫型脆弱两者之间的关系上看，胁迫型脆弱能够发生的条件离不开系统结构型缺陷的存在。也就是说，因为系统存在着结构性的不足，外界的变化才能对系统造成不利的影响。

由于地理气候的影响作用，西北荒漠化地区自然生态环境的首先表现为结构性脆弱。降水稀少，气候干旱，生物系统相对简单，相互间的关系多为链状。只有当物种丰富，食物链相对复杂，或形成食物网，那么生物间的相互关系才能加稳定，即使出现局部损坏也不会影响系统的整体性。西北荒漠化地区由于降水少、蒸发量大的气候特征，物种多样性较湿润地区差，同时生物生长缓慢，造成生态系统简单，食物链单一，关系脆弱，一旦某个环节出现问题则短期内很难修复，十分敏感。

---

❶ 刘燕华，李秀彬. 脆弱生态环境与可持续发展 [M]. 北京：商务印书馆，2007：6。
❷ 李燕华，李秀彬. 脆弱生态环境与可持续发展 [M]. 北京：商务印书馆，2007：8。

2. 植物资源匮乏

人类生存所需要的食物几乎完全来自生物界，同时人类的栖息也受到生态系统的制约，其中的植物资源与人的关系甚为密切。我国西北荒漠化地区是传统的农业生产地带，农林牧业占据着重要的地位。

森林对生产建设和维护良好的生态环境具有突出作用，它不仅是人类的生产对象，而且也是改善生态环境的重要组成要素。据不完全统计，我国西北荒漠化地区森林覆盖率仅为 2.02%，仅为全国森林平均覆盖率的 1/6 ~ 1/8。并且，西北荒漠化地区森林覆盖分布极不均衡，东部和南部较湿润地区覆盖率高，其余很低。

草场资源是畜牧业的基础，也是生态系统的重要类型，在经济建设、环境建设和生态建设方面扮演着重要的角色。由于降水少，植被生长状况差，生态脆弱，草场承载力较低，加之利用过度、粗放经营导致退化严重。

3. 水资源总量匮乏，时空分布不均

我国荒漠化地区处于温带和暖温带，温度对于生态环境和生产活动不构成主要障碍，而水资源条件不足则成为发展经济和改善生态环境的障碍。大量实践表明，人类为发展经济往往牺牲生态环境而滥用水资源，导致荒漠化扩展并最终限制社会的发展。荒漠化地区以水资源为核心，合理安排生态用水和生产生活用水，是实现资源—环境—经济—社会协调发展的关键。

水在荒漠化地区各种组成要素中占更重要地位。西北荒漠化地区历史和现代发展都与水资源密不可分，往往都是在水资源相对丰富的地方发展起来的。因此，研究水资源对荒漠化地区人居环境的可持续发展有重要意义。

西北荒漠化地区水资源的主要特点是时空分布不均。西北荒漠化地区水资源时空分布不均，季节性缺水和区域性缺水现象严重，总体变现为水资源短缺，局部地区严重短缺，水资源开发利用难度大。

从时间上看，水资源年内分布不均，7 ~ 10 月份集中了约全年 70% ~ 80% 的来水，其余月份降水少，冬春季干旱严重。

从空间上看，西北荒漠化地区，内陆河流流量及区域降水呈现明显的自西向东和自北向南逐渐减少的趋势，黄河流域降水呈现自东向西逐渐减少的趋势。

我国西北荒漠化地区水源几乎完全依靠大气降水。降水量的多少及时空分布成为衡量本区域水资源的基本依据，决定着荒漠化的程度。降水量总的分布特征是东南多，西北少；夏季分布最多，其余季节较少。由于受太阳辐射、温度、地形、植被等因素影响，不同地区蒸发量的差异很大，导致有效可利用水量不同。

各季降水量的分布基本可分为三个区域，天山以南到青海柴达木盆地一带是西北地区的降水量最少区，天山以北和青海中部及甘肃河西走廊一代为降水量稍多区，甘肃中部以东地区为相对多雨区，其中陕西关中和陕南为降水最多区。

年降水量的分布趋势是从东南至西北由多到少，又由少到略有增多。陕西南部、甘肃南部、青海东南部年平均降水量为 500～1000mm，雨水资源充沛；陕西中北部、宁夏大部、甘肃中部、青海中东部年平均降水量有 100～500mm；甘肃西北部、青海西北部、新疆中南部年降水量一般不足 100mm，青海西北部的柴达木盆地和新疆的塔克拉玛干沙漠、吐鲁番盆地等地年平均降水量在 20mm 以下，这些地区受其周围高山的包围，水汽很难到达，气候十分干旱，除了少数地方外，大多为沙漠、戈壁或荒漠；北疆地区年降水量有所增加，约为 100～250mm 左右 ❶。

荒漠化区域水资源主要存在问题：水资源严重短缺，制约区域可持续发展；超量使用水资源，挤占生态用水，引起荒漠化面积扩大；水资源浪费严重，用水效率低；缺乏流域全局观，上下游矛盾突出。

4. 土地资源相对充裕

根据《联合国防治荒漠化公约》，"土地指具有陆地生物生产力的系统，它由土壤、植被、其他生物区系和在该系统中发挥作用的生态及水文过程组成"。

土地是人类赖以生存和发展的基本条件和最宝贵的财富源泉，是人们生活和生产建设必不可少的资源。人们利用土地资源创造生活必需品，同时也由于不合理的利用方式损坏土地，造成经济、环境和生活方面的损失。

土地是由地质、地貌、气候、水文、动植物等自然地理要素相互作用，并包括了人类对自然环境的影响在内形成的自然综合体。它既是人类生活的环境，更是人类进行物质生产的资源。土地资源是与利用目的紧密相关的一种术语，其内容包括土地质量和数量两个方面。土地质量是指对于一定利用目的而言的质量高低优劣；土地数量通常指土地面积。

西北荒漠化地区，土地辽阔，生态环境特别脆弱，土地资源开发中需特别注重生态与经济的协调。掌握该区土地资源特点，合理安排生产生活是实现环境持续利用目标的有效途径。

在荒漠化地区，土地退化现象导致正常土地生产力的衰退或丧失，植被生态长期丧失，失去生态平衡。这种对具有生产能力的土地的破坏使生产边界推向沙漠边缘甚至沙漠地带，迫使农民向农业生产能力相对较低的更为贫瘠和干燥的区域迁移，即土地贫瘠导致进一步荒漠化加速，生产力进一步降低。

西北荒漠化地区土地资源特点与问题有以下几点：

（1）土地整体质量较差，东部质量高于西部。从土地质量构成看，西北荒漠化地区的土地整体质量较差，表现在可稳定从事农耕的土地比例小，仅占 17.8%，而不宜农、林、牧业利用土地（如戈壁、流动沙地、盐碱地、荒漠山地等）却占 33.94%；在区域构成上，

---

❶ 丁一汇，王守荣. 中国西北地区气候与生态环境概论 [M]. 北京：气象出版社，2001：5-9。

东西部土地质量有较大差异，东部质量高于西部。

（2）旱生、半旱生植被为主，生态环境脆弱，生产力低下。西北荒漠化地区从东部半湿润地区向中部半干旱地区至西部干旱、极干旱地区，随着干旱程度的加重，植被表现出由半旱生森林与草甸草原向半旱生草原、荒漠草原至旱生、极旱生荒漠的依次更替。生态环境从东到西稳定性变差，农业生产潜力依次降低。荒漠化地区有约75%的面积处于半旱生、旱生和极旱生生态区域，是生态环境脆弱区域，植被覆盖度不高，生物产量低下，土壤质地较粗，含水量低，抗风蚀能力低。

（3）不当开发利用土地资源，土地退化严重。人类为了自身的生存发展，需要开发土地资源，当开发强度超越土地的生态属性、资源属性与承载极限时，经济效益与生态效益发生分离现象，变得不同步。在过去的生产生活实践中，由于认识的局限性，普遍存在急功近利、牺牲生态环境的开发现象，最终导致土地普遍退化、荒漠化。

5. 能源类型多储量大

西北荒漠化地区是我国能源资源种类组合最为齐全的地区之一。石油、天然气、煤炭、风能和太阳能等能源资源蕴藏丰富，且均在全国占有重要地位。

西北地区的战略能源储备量当中，煤炭储量占全国的近17%，石油储量约占全国的27%，天然气储量占全国的43%以上（表4-3）。

2008 年西北地区战略能源储备量与全国比较　表4-3

	陕西	甘肃	青海	宁夏	新疆	全国	比例 /%
煤炭（亿 t）	278.46	60.48	20.20	58.15	147.41	3261.44	17.31
石油（亿 t）	23047	9114	3959	211	43643	289043	27.67
天然气（亿 m³）	5709.24	106.13	1418.49	2.18	7543.69	34049.62	43.4

来源：中华人民共和国国家统计局 . 中国统计年鉴 2009[M]. 北京：中国统计出版社，2009。

另外，西北地区还拥有丰富的新能源和可再生能源，如太阳能、风能等。西北地区风能约占全国40%，新疆、甘肃、青海等是我国大陆风能资源最丰富的地区，其可开发的储量分别为 3433 万 kW·h、1143 万 kW·h、2421 万 kW·h。

太阳能资源也较为丰富，甘肃、宁夏、新疆、青海等绝大部分地区的年日照时数大于3000h，年均辐射量约为 5900MJ/m²，得天独厚具有利用太阳能的良好条件。

6. 水土流失强烈

西北地区土壤侵蚀的总面积达到 305.17 万 km²，而且强度侵蚀面积比例达到 16.5%，远高于我国其他地区 ❶。

---

❶ 于法稳：西北地区生态贫困问题研究 [J]. 当代生态农业，2005（2）：27-30。

水土流失与土壤贫瘠并存是当前威胁西北地区最大的生态灾害。由于占据西北地区一定范围的黄土高原的土壤质地相对松散，抗冲能力较差，在同等降雨程度下容易发生水土流失，从而造成了土壤日益瘠薄，田间持水能力下降。同时，西北土地沙漠化也非常严重，该区一些地方由于灌溉方式不当，导致土壤盐渍化。另外还有一些地方土地撂荒，长期放弃使用。由此导致了西北土地资源的破坏和退化。

4.2.4　生态脆弱与经济贫困耦合

从人类发展的历史上看，经济贫困和自然条件恶劣的关系往往十分密切。人们总是倾向于寻找自然条件有利的地区生存，因为在这些地方生产生活面临的困难相对而言小得多，这也就解释了人口分布不均、人口流动的现象。但是，又由于某些原因限制了人口流动，比如人口制度、战争内乱、移民、民族交流融合、某些特殊的生存方式，以及出自个人自己的其他原因，也造成了在自然恶劣的沙漠、隔壁、山区、丘陵等地区有人生存的现象。客观上看，这些地方必然在自然条件上处于不利地位，农业经济生产难度大，收获小，效益低。

贫困是社会、经济和文化落后的总称，是由于收入水平低而造成的物质、社会服务缺乏，以及缺少机会和发展手段的一种状态。其基本特征是人们的生活水平达不到社会可接受的最低标准。与之对应的是贫困地区，是一个以经济发展状况为基础，以生活水平为主要标志，表明社会发展程度的地域性概念。

从社会进步和发展角度看，经济发展水平和自然环境条件之间的关系是非常密切的。一方面，社会发展缓慢和经济落后往往导致生态环境脆弱，而贫困是社会发展缓慢与经济落后的主要表现形式，它与生态环境脆弱相伴相生。另一方面，脆弱的生态环境也限制了人口的迁移、技术的传播，造成经济发展滞后。

西北大面积的荒漠化地区在生态环境与经济发展方面经常出现耦合现象。具体表现就是自然地理气候恶劣，导致生态环境脆弱，又导致经济发展的滞后；反过来落后的经济使得人们在面临生存与发展问题时无法顾及环境问题，又造成了生态环境的进一步恶化，陷入发展的困境。

西北荒漠化地区地域辽阔，资源丰富，民族众多，文化积淀深厚、自然生态环境脆弱、地区经济薄弱。历史上，西北荒漠化地区是中国北方游牧文化与农耕文化的交会处，两种文明的冲撞与融合使得这一地区的民族文化独具特色。

1. 生产类型单一

西北荒漠化地区农业生产模式相对单一。受地理、气候和政治条件限制，农民主要以农业生产为生，乡村劳动力绝大部分分布在农林牧渔业领域。据统计，西北地区乡村劳动力中从事农业的劳动力比例在 75% 以上，主要从事粮食耕作、果业种植、畜牧业等；从事非农生产的人口不足 30%，且以年轻人为主，主要以外出打工或就地从事加工、商贸零售业等形式。从收入角度看，家庭收入的 70% 以上来自于家庭经营性收入，而外出劳务收入比例、集体经济获得的收入比例以及来自企业经营的收入比例，西北地区都较全国平均水平和其他区域低。

2. 经济收入低于全国水平

由于生产类型和从业人口情况，决定了该地区农村经济收入水平低于其他地区水平。《2009 中国统计年鉴》数据分析表明，2008 年西部农业人口人均年收入为 5285 元，比东部地区的 8604 元低了 38%，比中部地区的 5988 元低了 28%。

据《中国荒漠化灾害的经济损失评估》《我国荒漠化防治现状及对策》，我国每年直接经济损失达 540 亿元。荒漠化地区现有国家级贫困县 101 个，占全国贫困县 592 个的17%。荒漠化使东西部、边疆与内地、民族之间贫富差距进一步加大，据统计资料分析，2005 年全国、东部地区、西部地区人均 GDP 分别是 13193 元、23012 元、9536 元，西部相当于东部地区的 72%。

以新疆地区农村为例，资料显示 ❶，农业以粮食、棉花和畜牧业为主，2004 年人均占有耕地约 3.12 亩，2004 年农民人均纯收入为 2108.59 元。其中，来自第一产业收入人均1793.81 元，占纯收入的比重为 79.9%，第二产业人均收入 23.66 元，占纯收入比重为 1.05%；第三产业人均收入 291.12 元，占纯收入比重为 12.97%。

3. 民族众多，宗教影响较大

西北荒漠化地区位于亚欧大陆的中部，是多民族聚集的地方，是佛教和伊斯兰教传入中国并向中原传播的通道和起点，受到来自四面八方的文化因素影响，宗教形式表现出多元化特点。可以说，西北地区的民族最多，信仰的宗教也最多。

西北世居的民族中，5 种世界性的宗教均有分布和流传。据统计，西北地区信仰佛教、伊斯兰教、基督教、天主教、道教的群众约 2300 多万人，信教群众约占该地区总人口的50% 左右，其中有 10 个民族信仰伊斯兰教，人口多达 1223 万，占信教群众的 53% 以上，占总人口的 26% 左右。在西北少数民族中，除原始宗教（包括萨满教）的遗迹外，主要是伊斯兰教和藏传佛教。回、维吾尔、哈萨克、柯尔克孜、东乡、塔吉克、乌孜别克、保安、撒拉、塔塔尔等 10 个民族都信仰伊斯兰教。藏、蒙古、土、裕固等民族大部分信仰藏传佛教 ❷。

同时，西北大多数地区自然条件差，农业主要是自然经济，农民靠天吃饭，农村普遍存在原始信仰，很多乡村自己建有土地庙等，这些原始信仰又和外来宗教融合在一起，形成宗教和原始信仰相融合，宗教与经济活动相交叉的特殊的文化景观。其中最有代表性的是伊斯兰教，在伊斯兰教流行的回、维吾尔、哈萨克、柯尔克孜、塔吉克、东乡、撒拉、

---

❶ 联合课题组. 对新疆农民收入和消费的调查 [J]. 农村金融，2006（1）：34。
❷ 娜拉，宋仕平. 宗教社会学视角下的西北少数民族传统文化 [J]. 新疆师范大学学报社科版，2007（1）：51。

保安等多个民族聚居地区，阿訇在社会生活中有很重要的影响力，不仅是当地宗教领袖而且是政治与经济活动的中心，对农民的经济活动影响极大。

4.3   西北荒漠化地区传统民居概况

西北荒漠化地区严酷的自然条件与社会发展状况强烈地影响和制约着人们的居住活动，改善人居环境质量的问题十分突出。数千年来，在有限的物质资源条件下，通过积极探索对地方资源的有效利用，摸索出经济高效获取舒适居住空间的经验方法，建造出了各种类型的地域民居建筑，一些甚至成功地延续到现代。

现代社会的快速发展，民居建筑的使用者和外部环境条件均发生了变化，但是建筑却没有作出及时的适应和调整，发展陷入盲目与混乱的困境，存在着巨大的环境与生态危机，严重地制约了农村生活质量的提高。

西北荒漠化地区民居建筑发展历史悠长，有复杂的外部因素。其中，地理因素、气候条件、材料的易得性、民族与宗教等在其发展历程中都起到了很重要的作用。

从建筑与环境的关系看，民居建筑根植于自然大地，与环境共生，需要适应恶劣环境，营造相对舒适居住空间是最重要的，其主线是生活方式与空间的适应性。

从历史的角度看，地理和气候对建筑的影响在诸多因素中最为显著，它直接决定了建筑的基本形态特征。

从使用者的角度看，人们需要能够抵御不利环境侵袭、降低外界影响程度、居住舒适的建筑空间，同时还需要造价相对低廉，这些要求是建筑能够向前发展的基本动力。

在西北荒漠化地区的各种不利条件中，最突出的问题就是由于太阳辐射强度大、降水少造成的干旱问题（缺水）。剧烈阳光辐射与水资源匮乏状况严重地制约着西北荒漠化地区的自然环境与社会活动，也是贫苦的主要原因之一，建筑及其居住生活必须充分地考虑太阳与降水条件的限制。

由于技术的局限性，传统的农业生产生活必须正面对待自然条件，并采取适应性的措施。当然，在民居建设方面，聚落的形成、建筑布局形态、空间组合与技术措施等都完全依从于自然环境条件，气候、地形、材料等都成为民居建设的主要影响因素，而其中的太阳辐射和降水条件又称为关键控制因素。对自然规律的认知和建造经验的积累形成了当地民居建设的法则。在当地，建筑基本做到了与自然气候的协调。

西部荒漠化地区尽管有沙漠、黄土高原、绿洲、河流冲积平原等多种表现类型，尽管不同类型之间的具体差异很大，但基本的气候与环境特征还是具有类似的特征。受此影响，不同形态的民居建筑之间也具有相似的应对气候等自然条件的内容，在模式关系上具有某些共同的因素。

4.4　西北荒漠化地区典型传统民居模式

4.4.1　地区传统民居共同的模式特征

根据建筑进化与自然决定论观点，荒漠化地区典型传统民居建筑具有如下的建筑模式特征 ❶ :

争取正南朝向的布局，日照决定院落尺度，四周围合的内向型院落开口避风防寒，较小的高度和体形系数（减小采暖能耗），南大北小的窗洞，厚重的围护结构，土石为主的建筑材料，冬季防寒保温为主兼顾夏季通风降温，庭院绿化改善环境，火炉＋火炕局部采暖。

根据西北荒漠化地区自然环境的差异，本书选取黄土高原地区的窑洞民居、新疆高台民居、宁夏合院民居等三种类型试图分析荒漠化民居与自然环境的关系处理。

4.4.2　平原地区民居建筑模式——以宁夏合院民居为例

合院民居建筑广泛分布在陕西、宁夏、甘肃、青海等漠化地区。在发展过程中为了适应各地气候和生活特点，有了不同的变形。但其基本规则是一致的。下面以宁夏平原地区合院式民居建筑分析。

1. 地理气候特征

宁夏地处中国地貌中一、二级阶梯过渡地带，南北狭长，南高北低。由于地处内陆，跨越三个气候类型区，寒暑变化剧烈，自南向北，日照、气温、光热、蒸发递增，降水递减。宁夏的气候环境条件对民居的形态有着重大的影响，这些影响反映在民居的平面布局、庭院空间、屋顶形式、营造方式等方面。

冬季寒冷漫长，夏季短暂无酷暑。日照时间长且太阳辐射强；昼夜温差较大，一般可达 10℃以上。干旱少雨，降水的时空分布极不均匀，蒸发量大。

宁夏大部分地区地表都覆盖着黄土，厚度由南向北逐渐削减，最厚处 100m，最薄处 1m 左右。面对匮乏的建材资源条件，宁夏传统民居普遍采用以"土"为主的建筑形式，建造方式灵活，银川平原地区多为土坯合院建筑，南部山区多为窑洞。

银川平原地区降水稀少，气候干旱，冬季气候寒冷，常年主导风向为北风。资料显示，最冷月平均气温 -8.9℃，年较差与日较差较大，分别为 32.3℃和 13.0℃。降水量少，全年降水 197.0mm，蒸发量达 1000mm 以上。太阳能资源丰富，年日照时间数 3014.8h，年辐射量高达 6000MJ/m²，水平面 12 月辐射量高达 272.9MJ/m² ❷，属太阳能资源较富区 ❸。

❶ 杨柳.建筑气候分析与设计策略研究 [D]. 西安:西安建筑科技大学，2003:75-119;赵群.传统民居生态建筑经验及其模式语言研究 [D]. 西安:西安建筑科技大学，2004:57-131。

❷ 中华人民共和国建设部.GB 50778-93 建筑气候区划标准 [S]. 北京:中国建筑工业出版社，1993:19-103。

❸ 中华人民共和国住房与城乡建设部.太阳能供热采暖工程技术规范 [S]. 北京:中国建筑工业出版社，2009:65。

　　银川平原地势平坦，面积广阔，人均土地面积较大。受惠于引黄灌溉，从唐代起这里沟渠纵横，水田密布，地表水资源充沛，局部小环境十分优越。夏季空气凉爽，阳光明媚，农业生产发达。宁夏银川平原地形地貌如图4-3所示。

图4-3　宁夏银川平原地形地貌

2. 建筑分析

　　由于银川平原地区处于农牧交错地区，人均土地面积很大，乡村民居同时具有农业生产和游牧生活的特征。村落布局往往十分分散，多为3～5户一组，且聚落之间保持较大距离。

　　在草原牧区，户与户之间的距离往往是由草场的负荷决定的。一般的，5～10亩草场土地负担1只羊，50亩地养1头牛，这样一户人家需要很大的土地面积，这就决定了他们相互之间的距离很大，居住分散。而农业耕作劳动效率较高，但受制于生产力水平限制，一个人只能耕种3～5亩，这就决定了人口的密度相对较大，居住也更为集中。

　　合院民居内部院落空间十分宽敞。一方面，在功能上便于堆放大量生产工具、干草和圈养牲畜；另一方面，从适应环境的角度看也有利于冬季增加建筑南向墙体日照得热。

　　主要起居用房多坐北向南，院内西侧多布置库房、杂物间等辅助用房，形成L形转角，在冬季起到抵御西北风的作用。东南方向多用土坯矮墙、篱笆、牲口棚等通透、低矮的构筑物替代围墙，这样在冬季尽量不遮挡日照，同时有利于夏季空气流通降低室内温度。

　　出于冬季防寒、节省燃料和争取日照的目的，建筑高度往往较低，进深也很小。据调查，多数传统民居建筑净高不足2.8m，开间多不足3m，进深多在4～5m之间，平均每间面积 12 ~ 15m²，体积 33.6 ~ 42m³。而具体间数则依家庭人口、经济能力和使用功能决定，一般为 5 ~ 7 间，总长度约为 15 ~ 21m。其中出于方便使用的目的，常将 2 ~ 3 间成一组串联在一起，共用一个对外的出入口，以减小冬季出入带来的冷风渗透散热；但组与组之间必须通过室外联系，这样每栋房子大约都有不少于 2 个对外的出入口。所谓的功能划分主要是指父母与成年或已婚子女分别居住在不同的单元内，相互之间在内部空间不直接发生联系。银川平原典型民居户型平面图如图 4-4 所示。

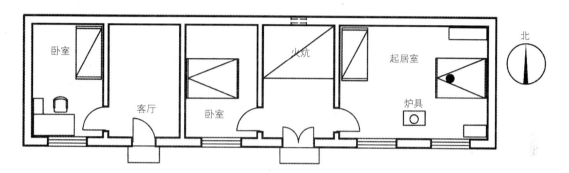

图 4-4　银川平原典型传统生土民居建筑平面图

居住建筑的北向和西向墙体上开窗十分慎重。要么不开窗，要么开高窗，且面积很小，仅仅满足通风换气的要求。由于房间进深很浅，所以后窗一般无采光目的和其他需求。南向窗户主要考虑采光和日照需求，故面积相对较大；但受制于观念和结构技术限制，窗墙比同现代建筑还是无法比较的。据分析，传统生土民居的南向窗墙比一般都在 20% 以内，甚至更小。窗户材料过去为木框糊窗纸，后来演变为木框玻璃窗。冬季住户也会给窗户正面糊纸或钉塑料布，以减小空气渗透失热。

不管民居建筑与周边道路的关系如何，院落大门和主要居住建筑的出入口南向一般都设置在南向避风处。主要居住建筑的门洞口高度多不足 2m，有意减小面积以维持冬季室内舒适度。户门多为木板平开门，无保温措施，只是通过冬季多悬挂棉门帘的方式起到保温隔热的作用。银川土坯房民居南北立面图如图 4-5 所示。

围护结构构造方面充分结合当地气候条件。墙体下部多为卵石砌筑基础，上砌筑数皮黏土实心砖防止雨水破坏上部土坯砖，再上土坯砖到顶。屋顶多为木檩条上铺芦苇席，上铺掺和稻草秆的土质平屋顶形式。墙体厚度多为 400 ~ 800mm，屋面厚度达 200 ~ 300mm。生土材料所砌筑的实体墙和屋顶有保温隔热性能好、蓄热能力强的优点，能较好地适应冬季寒冷的气候和早晚温差变化对室内热环境的影响。

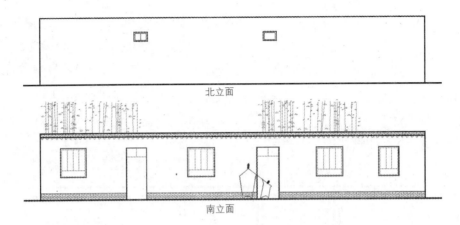

图 4-5　银川平原传统生土民居主要居住建筑立面图

　　建筑用材方面，多就地取材，经济节约。最常用的材料为生土、卵石、芦苇、小规格木材等，在当地比较容易取得，价格十分低廉，基本无需花钱。建房用量最大的土坯砖来自于自己的田地和宅基地；卵石可以在附近的河沟、山里寻找或购买；芦苇是当地常见的水生植物，芦苇席价格十分低廉。

　　宁夏传统民居冬季多采用火炉与火炕结合的方式抵御严寒，经济节约。火炉燃烧煤炭，通过辐射和对流加热室内空气，火炕则是通过局部加热的手段提高主要生活空间附近的温度和舒适性。火炕通常布置在窗户下，这样做可以利用白天良好的日照加热窗下炕面，方便白天使用；也利用生土蓄热能力高的热性，减小夜间燃料消耗。使用中的火炕如图 4-6所示。

图 4-6　冬季火炕局部取暖

出于美观需要，宁夏合院民居建筑南向墙面多用石灰浆刷成白色，其余各面一般都保留生土的本色。

宁夏是我国唯一的回族自治区。银川市有回族人口 40.42 万人，占全市人口总数的 25.98%[1]。调查发现，在同一地区，民居建筑形态上主要受相同的地理与气候条件控制，回族与汉族民居在选址、功能布局、空间组合、建筑造型和构造做法等方面基本都是一致的，区别仅在局部的装饰性构件有所差异。

在银川当地，农业温室大棚（图 4-7）最能体现建筑应对寒冷气候的态度，成为后文研究的思路。

图 4-7　温室大棚最能体现建筑的自然适应性模式

3. 建筑模式

宁夏合院式民居建筑模式：建筑与院落功能相结合，坐北朝南的布局，宽阔平坦的院落，西北向围合的院落空间，三间成组的空间组成，厚重的生土墙围护结构，适度缩小的建筑体积，南大北小的窗洞，泥质屋顶，卵石台基，火炉+火炕的采暖方式。

4.4.3　山区丘陵民居建筑模式——以黄土高原窑洞民居为例

窑洞民居在我国有悠久的历史，广泛分布在黄河上游的甘肃东部、陕西北部、宁夏南部、山西、河南等地的黄土高原地区。窑洞民居按其结构和布局大体可以分为靠崖式窑洞、下沉式窑洞、独立式窑洞等。窑洞具有利用地形，就地取材，因地制宜，造价低廉，施工简单，冬暖夏凉的特点。

1. 地理气候特征

黄土高原处于我国第二级地形阶梯之上，海拔变化范围在 800 ～ 1300m。北部为毛乌素沙漠，南部是黄土高原丘陵沟壑区。黄土高原地势西北高、东南低，千沟万壑，植被较少，大部分为 50 ～ 150m 厚的黄土覆盖层。其基本特点可以概括为：黄土裸露，地形破碎，植被不良，灾害无常，气候干旱，缺水少雨，耕作粗放，土地贫瘠，水土流失极为严重，农业经济落后。黄土高原典型的地形地貌特征如图 4-8 所示。

图 4-8　黄土高原典型的地形地貌特征

来源：http://www.hudong.com/wiki/

　　黄土高原属于北温带大陆性季风气候区，位于北纬 33°～ 47° 之间，为典型的大陆性气候，光照充足，年辐射总量为 540 ～ 580MJ/m², 年日照总时数为 2700h 左右，太阳能资源丰富，属太阳能资源较富区 [1]。夏季干旱少雨、冬季干燥寒冷是黄土高原地区气候的基本特征。

　　以延安地区为例，最冷月平均气温 –6.3℃，年较差与日较差较大，分别为 29.2℃和 13.5℃。降水量少，全年降水 538.4mm [2]，属于典型的荒漠化边缘地区。

　　据考证，远古时代，黄土高原地区地形平坦，土层深厚，气候适宜，森林植被覆盖良好，宜农宜牧，是理想的聚居地区，是中华民族重要的发祥地之一。促使黄土高原地区荒漠化的主要原因除了大范围气候变化外，主要就是人为的影响了，战乱、过度开垦、屯田、垦荒放牧现象逐渐升级，直至发展到乱砍滥伐，毁灭性地破坏掉绿色屏障，加剧了生态环境的恶化。

　　气候失调，生态基础脆弱，植被再生能力不足，水土流失，这些不利的自然条件和脆弱生态环境，孕育产生了窑洞民居的建筑形态。从整体选址布局到单体建造，都充分体现

❶ 中华人民共和国住房与城乡建设部. 太阳能供热采暖工程技术规范 [S]. 北京：中国建筑工业出版社，2009：65。
❷ 中华人民共和国建设部. GB 50778-93 建筑气候区划标准 [S]. 北京：中国建筑工业出版社，1993：19-103。

了窑洞民居顺应自然生态环境和社会经济状况的经验和智慧。

2. 建筑分析

窑洞民居多顺应地形地势，随坡就势，最大限度地"融入"自然环境中，不因过分调整地形而破坏环境造成新的水土流失。大部分空间隐藏于地面以下，周边有深厚的土层使室内温度受外界空气波动影响较小，保证了恒温恒湿的物理环境。半无限大的围护结构营造了稳定的室内环境气候[❶]。

坐北朝南的选址，争取日照，避寒风侵袭。由于黄土高原区冬季寒冷，日照充足，因此采取坐北朝南的布局，使窑洞的前脸可以最大限度地获得太阳照射，尽可能提高室内温度，节省采暖燃料消耗。出入口通常设置于南向避风处，可以形成一个相对稳定的院落小气候，是躲避冬季寒风侵袭的最佳选择。

封闭集中的建筑室内空间。材料特性和建造工艺决定了窑洞空间形态简洁规整，外表面平整，内部空间接近长方体+半圆柱体，且正面宽大，进深长，有利于结构安全和提高内部温度稳定。面宽多为 3.6～4m，进深多 9～10m。同时，窑洞内部功能较为综合，几乎所有的活动都被安排在座窑洞中进行，如做饭、休息等，空间利用高效。

地方材料的有效运用。一方面，黄土高原地区拥有丰富的黄土和山石资源，且由于黄土和石材具有抗压抗剪强度较高的物理特征和结构稳定性，适合于干旱少雨地区的开挖利用。对黄土和石材的合理利用，不但免除了运输的麻烦，而且提高了材料的利用率，减小了资源消耗。另一方面，由于缺少木材资源，所以窑洞民居中木材的使用十分节制，避免了大量使用木材而对森林植被的砍伐，进一步恶化原本非常脆弱的生态环境。

绿化与庭院经济。黄土高原沟壑纵横，耕地面积稀少。窑居在这种资源匮乏的条件下，一方面向土层索取有效空间，凿崖挖窑，取土垫院，在不宜耕种的山坡地建造，不占用良田与耕地面积。同时，将有限的居住空间进行立体的划分利用，下层窑居的顶面又成为上层窑居的院落，合理利用了土地和空间，许多农户都在自家的窑顶上种植蔬菜与经济作物，这样不仅增加了植被，固化尘土和调节微气候，也使得窑居的营建与庭院经济有机地结合起来，达到节地与经济的双赢效果。既节省了用地，又丰富了居住环境的空间层次。

窑洞顶部和庭院中往往种植花椒、苹果等经济树木或直接种植粮食作物，不仅增加绿化面积，美化环境，而且增加经济收入，更为重要的是因为植被的覆盖，减缓了黄土的裸露和水土流失，对窑洞起到了延缓和保护的作用。

如图 4-9 所示，窑洞民居在处理与自然环境、自然资源、庭院经济等方面充分适应了地方特征。

---

❶ 赵群. 传统民居生态建筑经验及其模式语言研究 [D]. 西安：西安建筑科技大学，2005：89-90。

图 4-9   黄土高原窑洞体现自然适应模式

来源：http://blog.sina.com.cn/aa8807

3. 建筑模式

黄土高原窑洞民居建筑基本模式如下：随坡就势的选址布局，"融入"自然的和谐关系，内向型空间，集中式空间布局，封闭规整的建筑空间，半无限大围护结构，"隐藏"的构筑形式，黄土石材等地方建筑材料的合理使用，灶连炕，窑顶种植。

4.4.4   干热干冷气候民居建筑模式——以新疆高台民居为例

新疆虽属大陆性气候，由于大小盆地地理位置的不同，气候特征各异，有的风沙日多，非常干旱；有的风雪大，非常寒冷。人们为适应不同自然气候，结合当地的建材条件建造的高台民居各具特色。

1. 地理气候特征

新疆地处欧亚大陆中心，属典型的大陆性气候。新疆远离海洋，境内南、北、西三面都是高山，中部横卧天山山脉，把新疆分为自然景观截然不同的两个区域。南面为塔里木盆地，北面为准噶尔盆地。南面的塔里木盆地，四面环山，为封闭性内陆盆地。因受高山的阻碍，海洋气流不能侵入，形成极端干燥的大陆性气候，地表几乎无植被。然而发源于四周雪山的河流都汇注到盆地，形成大小不同的绿洲。北面的准噶尔盆地三面有山，但西北方向有缺口，来自西北的湿润气流可以由此进入盆地，使得沙漠周围的平坦土地及天山山脉甚多辽阔的河谷变成了大片草原，故新疆这块干燥的亚洲腹地具有沙漠、绿洲和草原的三大地理特征。

新疆大陆性气候主要特点为干热干冷气候：日照丰富，温差大，降水量少，气候干燥。据统计，全年日照时数高达 3000 ～ 4000h；日较差大，一般可达 35 ～ 40℃；年平均降水量低于 250mm，而蒸发量很大，全年水分盈亏值在 −1000mm 以上；多风沙，具有湿度低、风速大、温度高等特点，并且是带起沙石形成沙暴。

由于新疆不同地区自然资源条件的差异，各地区民居都因地制宜地采用当地较普遍的资源作为建筑材料，使高台民居在材料、结构和外观上有了明显的地域性差别。以其基本生活建筑单元而论，大致可分为阿以旺式民居和米玛哈那式民居两大类❶。

2. 建筑分析

图 4-10 为高台民居的轴测与平面示意。

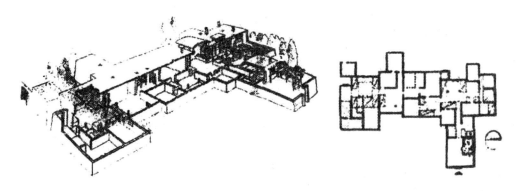

图 4-10　防热防寒的高台民居建筑模式

来源：瞿亮亮.西北地区农村民居适宜性建筑技术研究——以银川为例[D].西安：西安建筑科技大学，2010

密集的建筑组群与狭窄的街道空间，减少对外散热与日照过热。新疆民居紧密相邻的布局对于抵御严酷的气候有着极大的好处，每户的外墙面积尽可能 小，有利于保温；高大的院墙形成有利的阴影，形成适合邻里交往的场所，同时也可以减少风沙的侵害。

方正紧凑的空间布局，体形系数小。高台民居的建筑布局方正紧凑，以最小的表面积，争取围合最大的空间，减少冬季围护结构的散热面积。房屋常常是围绕着一个内院来布置，所有门、窗都朝向内院，外围是厚重的实墙。适当降低室内高度，减少室内面积和体积，有利于维持室内的热环境，提高采暖效率。

内向封闭的空间与灰空间，形成相对稳定的小气候，满足民族的私密性和户外日常活动的需求。由于日照强烈，干旱少云，导致白天温度较高，夜晚温度很低，形成巨大的昼夜温差，直接影响了人们的生活方式，决定了室内活动较为频繁。极端严酷的气候造就内向封闭的建筑空间形式，普遍采用厚重墙体与有节制的门窗形式，有效隔绝气温波动；室内外间的过渡空间（灰空间）起到了气候缓冲层的作用，满足人们生活起居的需要，是适应地域气候并结合当地生活方式的必然选择。

高大厚重墙体，不仅利于抵挡强烈的风沙，还可以屏蔽日照、阻隔热辐射传播。一般由 500 ~ 800mm 厚的土坯做成厚重严实的墙体，开窗数量少面积小，且多为双层，内层

---

❶　王绍周 . 中国民族建筑 [M]. 南京：江苏科学技术出版社，1998。

是玻璃，外层是不透光的板窗。夏季白天关上板窗，遮挡日照，保持室内绝对阴凉；冬天起到保温作用，兼具阻挡强烈寒风的渗透和侵袭的功能。

捕风窗与风塔是炎热多风地区降低室内温度的一种常见手法，在技术和艺术上都十分成熟，并形成了特殊的造型风格。捕风窗和风塔实际上是被动式降温系统，它利用太阳能与风能形成的压差使室内空气流动，并结合其他手段达到降温的目的。

水空间的运用，有利于降温，同时增加空气湿度。新疆干旱地区，由于降水稀少，蒸发巨大，空气十分干燥。在长期生活经验的积累中，人们逐渐掌握了水在调节小气候方面的作用，常常在建筑庭院中设置水池，维持热稳定，强化空气对流，纳凉调湿。由于水在蒸发过程产生空气运动，携走大量的潜热，可降低温度，净化空气，调节小气候，使庭院和室内环境凉爽适宜。另一方面，水的比热容很大，是绝佳的天然蓄热体，对维持室内温度稳定有明显的作用。

冬夏转移式居室的生活方式，是适应温度巨幅波动最有效的简单办法。对于温度日较差大和年较差大的地区，通过建筑手段仍然难以营造舒适的室内环境，因此，转移式生活方式就是应对这种温度巨幅波动最简单的适应方式。"冬居室"与"夏居室"的位置、朝向、面积、高度等均根据相应的气候设计，相互之间互补，具有显著差异。

土筑材料适合当地气候条件，具有现实意义和显著的经济性。新疆地理条件决定了供建筑使用的林木和石材普遍匮乏，因此民居往往就地取材，这是土筑建筑产生和发展的基本条件，在新疆地区，用夯土、土坯、石膏作建筑材料十分普遍。生土优点是热阻大，热惰性好，对隔热、保温有利；缺点是怕水，正好适合降水少、湿度小的特点。由于就地取材，造价也得到了很好的控制。

3. 建筑模式

高台民居建筑模式：集中式空间布局，内向型空间与高窄型内院，室外阴影空间，（半）地下空间——降低建筑高度减小风的影响，缩小体积、厚重的生土围护结构，冬季空间和夏季空间的区别对待，建筑开口背向风，水空间，吸热井壁和地下通道，双层通风屋顶，室外降温地面，墩厚粗犷的体形，以冷色为主的装饰风格，拱券及特有结构形式。

4.5   小结

荒漠化地区的自然与社会条件是乡村民居建筑存在和发展的基本条件。

由于人类自身的原因，加上特殊的地理位置和大尺度气候作用，我国西北地区半数以上的土地具有显著的荒漠化特征：日照时间长，太阳辐射强度高，降水稀少，蒸发强烈，气候干旱，冬季寒冷，由此植被覆盖率低且物种稀少，生态系统十分脆弱，经济发展相对滞后。可简单描述为：自然恶劣，生态脆弱，经济落后。

　　自然与社会条件的严酷性决定了西北荒漠化地区人居环境建设面临挑战十分艰巨。乡村民居建筑必须充分适应自然与社会条件限制才能取得生存和发展空间，自然环境条件与居住生活方式通过建筑形态被固定下来，由此形成了鲜明的地域建筑模式。传统民居建筑模式符合现代生态建筑的基本原理，具有相对高质量的居住条件、建筑材料和资源物尽其用，对环境的影响最小。

5 西北荒漠化地区民居生态化发展困境

5.1 西北荒漠化地区民居现状及存在问题

改革开放 30 年，西北荒漠化地区农村居住建筑演变过程中最大的特点就是变化快、类型乱、质量差。当然，在全国其他地区也具有类似的特点，也就是说乡村民居建筑演变存在着类似问题。

据《2009 中国统计年鉴》数据分析，1980 年，农村人均居住面积 9.4m²，1990 年为 17.8m²，2008 年全国平均 32.42m²，而 2008 年西北 5 省平均约 23m²。

乡村人均居住面积短时期内的快速发展，一方面表明居住需求在过去很长一个时期没有得到及时满足；另一方面，过快的发展速度也遮蔽了过程中存在的严峻问题。长期的历史欠账在短期内还，由于时间、理论、技术和经验的匮乏，表现出来的就是民居演变中存在的种种缺陷和不足。

为了便于研究，根据生态建筑的基本概念，将众多问题按照表现形式分成四类进行分析，依次为居住质量方面、资源使用方面、环境效应以及社会效应。

5.1.1 居住质量

1. 安全性

在西北荒漠化地区，民居在安全性方面的问题主要是结构不够坚固，不能抵御地震灾害，大风暴雨雪等自然灾害的侵袭，无法保护人的生命安全。

1）结构技术与形式不合理

（1）调查发现，在西北荒漠化地区传统建筑中，最常见的建筑材料是生土、石材和植物材料，包括夯土、土坯、块石、卵石、木檩条、木椽子、芦苇等；最常见的结构形式是砌体结构，或者土木砌体结构。这些材料中用量最大的非生土材料莫属，普遍地应用在墙体、屋顶、地面等部位。图 5-1 所示为宁夏地区常见长的生土民居院落。

虽然生土具有良好的热稳定性，且来源广泛，成本低廉，但因为自重大，抗剪能力差，加上缺少有效的抗震构造措施，所以房屋的整体抗震能力不高，地震破坏严重，结构安全性差。

图 5-1　银川平原常用的建筑材料与结构形式

在传统民居形成过程中，依靠长期经验积累和试错的淘汰过程形成了一整套方法，简单地按照这些做法就可以达到基本的安全。建筑、结构和构造专业是不分的，是一个工种，由工匠一个人完成的，因此建筑质量安全受个人技能影响很大。很多建筑存在着安全隐患。

（2）改革开放后大量新建的乡村砖混结构住宅，结构堪忧。砖混结构是现代基本建筑结构形式之一，要求建筑与结构分成不同的专业，才能保证技术合理，质量安全。在乡村地区，由于人才匮乏，技术推广普及滞后，加上人们掌握和理解所限，往往设计不当，质量安全成问题，存在大量安全隐患。

2008 年四川地震和 2010 年玉树地震后的破坏现场基本上也证明了这一点。通过两地灾后实地调查发现，受损最普遍、最严重的民居是那些近些年新建的砖混住宅，如图 5-2所示，结构倾覆或倒塌对于人的生存是最大的灾难；作为对比的是那些用传统工艺建于 20世纪五六十年代，甚至更早的民居建筑受损情况较小，人的伤亡也十分有限。

图 5-2　地震受损严重的青海玉树灾区砖混民居

2）建筑施工技术不当，质量欠佳

传统民居建筑施工主要依靠工匠个人经验的把握。虽然经过长期的经验积累，有了相对成熟的操作方法，但由于没有形成科学化的操作规程系统，主观随意性也较大，质量较难控制。尤其是，当他们用传统的建造技术去修建变化后的新建筑时，经验式的操作和认知能力就显得力不从心，直接造成建筑质量的下滑。

现代建筑施工需要专业人员、专业技能、专业工具设备、专业组织管理的配合，才能满足基本的结构质量安全规程，而这些因素在农村地区是难以同时满足和具备的。刚刚脱离农业生产的人们，往往还是根据过去的生活经验对建筑的理解来施工，也缺乏专业的施工技术指导，往往施工工艺不合理，结构安全不当。

因此，民居建筑的结构与施工工艺应当与农村的生产技术水平适应，才能从根本上保证建筑质量安全。

3）乱搭乱建、自建等形式安全隐患严重

传统民居院落空间布局、建筑形制、建筑高度、形体大小、相互关系等都受到某些社会规则与机制控制，并且与其内在的使用需求和社会生活制度也是一致的。各个建筑之间的距离、通路都能得到基本的保证，从防灾减灾的角度看，总体上是安全的。

社会转型后，传统社会管理规则对乡村新建民居的控制力度减弱，而新的管理秩序和制度又没有建立起来，随意建设、乱搭乱建的现象十分普遍，存在严重的安全隐患。譬如，沿道路一户一户相连随意建设，不设防火间距，失去对火灾的阻隔和控制能力；乱搭乱建，没有人员疏散通道和流线的考虑，紧急情况下疏散压力很大等。图5-3所示为刚建成的示范住宅即被住户加建和改建。

图 5-3　刚建成的民居便被住户加建

从规划角度看，随意建设主要是因为乡村聚落建筑规划设计的研究和管理滞后，缺乏行之有效的管理制度和手段控制建设。

从建筑角度看，随意建设与乱搭乱建的原因除了农民之间相互影响，盲目攀比，不注意公共空间形象和环境品质等心理因素作用以外，也因为居住建筑的空间布局不适，功能设置不当，或者面积不够等因素造成人们主动的改扩建行为，说到底还是建筑设计问题。也就是说，建筑设计环节没有充分考虑农村生产生活的实际需要，或者简单套用城市的生活模式在从事乡村住宅的设计。但是，问题在于，住户自己的改扩建行为在材料选择、构造措施、施工工艺等环节上面问题更多，潜在安全威胁远远超过形式的恶劣。

例如，在西北乡村，人们常常通过木材、芦苇、塑料等材料搭建临时性为居住生活提供额外的或必要的生活用品的储藏空间、生产加工空间、农业机械停放空间等，弥补居住建筑设计在功能上的缺陷。

2. 便利性

乡村民居便利性方面的不足，就本质而言是建筑使用功能的问题，是建筑空间对生活行为变化反应不当造成的。

历经长期历史演变而来的传统民居建筑，与同时代的社会生活方式、人际关系、生产力水平等相互磨合，演变形成固定的逻辑关系，并物化成具体的建筑形态。从某种意义上看，一种建筑形态必然存在着与之相应的行为活动和行为类型，也就是"形式与功能"的对应关系。在一定时期，相对稳定的社会形态内，建筑空间和使用者之间达成了平衡，能够满足功能需要，使用起来是便利的。但是，随着社会的不断快速变革，人们的行为容易受影响而变化，而建筑变化的周期是缓慢的。在一定的变化范围内，"形式与功能"的矛盾不突出，完全可以通过人对建筑空间作出适应性的调整来解决；但是，当行为类型远远超出空间限制时，再也无法通过人的变化去满足空间的限制，这时人们往往会觉得使用不便。

西北地区，尤其是古代农业社会时期，土地资源充沛，加上人口稀少，因此居住建筑占地往往很大。典型的传统乡村民居多是通过院落式布局来组织家庭生活起居的，整个院落是作为一个完全意义上的建筑出现的，使用功能也是在院落的基础上实现的。因此，所谓的建筑功能组织、空间布局其实都是由院落中间那些功能相对单一的各个建筑物来共同实现的。正房就是家庭聚会与长者起居的地方，两厢是小孩生活的地方，还有厨房、厕所、马厩、库房等辅助房间。图5-4为典型的通过院落组织居住生活的北方合院住宅，生活与建筑配合很好。

对于普通农户，受经济条件制约，不可能建造和拥有很严整组织的院落层次，但多数民居还是由院落＋一栋主要建筑（厢房）＋几个辅助房间（门房、柴房等）的形式组成。各单体建筑物分别承担一项简单的功能，再通过院落联系成为整体的居住建筑。如图5-5

所示，银川回民马姓院落，宅基地面积为 1.2 亩，房屋主体建于 20 世纪 70 年代。院落中功能齐全，分区明确，主次分明，布局严整。

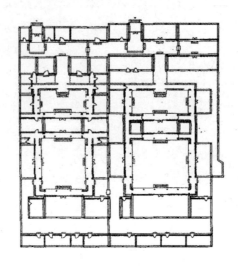

图 5-4　严整的北方合院式民居适应家庭组织结构和生活模式的需求

来源：赵群.传统民居生态建筑经验及其模式语言研究[D].西安：西安建筑科技大学，2005

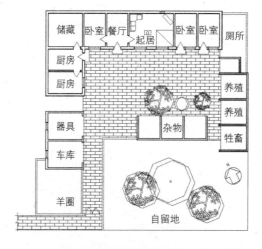

图 5-5　碱富桥典型民居院落平面图

　　再后来，人口增长，需要进一步控制建设用地规模，所以每户占地面积减小，以至于不能再通过完整意义上的院落组织形式来实现功能的需求，只能通过一栋主要的建筑＋前院（或后院）院落的方式来实现，出现了功能的集中与复合现象，自然就造成了相互干扰，使用不便。如图 5-6 所示，这是银川一户汉族农民的生土住宅，建于 20 世纪 80 年代，占地面积约 1 亩，只有一栋主要的房子，其余辅助房间目前均已破落。现状功能配置不全，缺乏合理分区，布局混乱，各种生产生活活动和器具均堆放在院落中，使用不便。

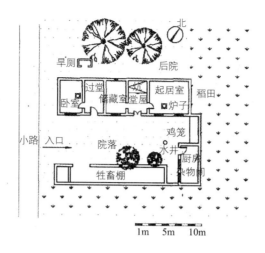

图5-6 银川汉族某户民居平面图

改革开放后，经济迅速腾飞，快速变动的社会形态、价值观和生产生活方式等都发生了变化，作为居住生活"容器"的民居在建筑空间方面无法及时作出有效地适应新生活、新功能的变动，两者之间出现了时间上的错位，建筑空间使用的便利性受到较大影响。就好比，让现代生活的人穿长袍马褂一样，很不方便。

这一时期的民居建筑占地更小，院落比例开始降低，原来以院落为中心的布局和组织方式变成以主要建筑为中心，辅以前院或后院的布局形式。过去那些分散的诸如储藏、生产等功能空间也只能往一起集中，相互间的干扰开始加大，建筑材料也逐渐由土坯转变为黏土砖、混凝土等材料。

据调查，在当前西北地区，以银川平原为例，现存的大量民居建筑物主要由三部分组成。实行农村土地承包责任制后，20世纪80～90年代兴建的一批建筑物占多数，约占60%；另一部分是改革开放前修建的民居，约占30%；还有少量近十年重新修建的民居，约占10%左右。这三类建筑在功能方面都有各自的问题，总体而言是便利性不足，具体表现为：

（1）生产与生活混杂，相互干扰。西北乡村民居建筑中普遍存在空间的"大而化之"，即在一个空间中完成多种类型的行为活动，互相影响。在居室中常常从事农产品加工、生产前的准备工作等活动。由于它们与居住行为在时间和空间上相互矛盾，对空间的需求也不一样，既使用不便，又相互干扰，严重影响了居住生活的便利性。

如图5-7所示，院落中家畜养殖、农具堆放、生活空间等混杂在一起，相互干扰很大，使用不便。

（2）功能设置不合理、内容不全。对乡村住宅的使用功能缺乏考虑或考虑不当，都会造成使用不便。常见的现象是，在住宅中不设置专门的储藏空间，或面积太小、位置不当等（事实上，农村生活对储藏空间的需求量很大，位置也需要布置在入口附近方便搬运），这就造成大量的生产生活物品无处堆放，或者只能胡乱堆放在居室空间，影响了正常的起居生活。

如图5-8所示，因冬季寒冷，外出做饭不便，利用采暖煤炉做饭，起居室变成了厨房空间。

图5-7　民居院落景象：院落分区模糊，
生产与生活功能混杂
来源：课题组提供

图5-8　民居冬季室内景象：厨房移入起居
空间，舒适性无从谈起
来源：课题组提供

（3）分区不合理，流线组织不当。相对粗放的农村生活，往往不在意内外区别、私密性分区、洁污分区、动静分区等建筑的基本问题，功能布置较为随意灵活，客观上造成内部流线交叉、欠合理，便利性差的现象，包括主入口、卫生间、厨房等在整体布局中的位置，以及各空间之间交通流线的重叠交叉。

在西北荒漠化地区，囿于生活习惯和设备技术限制，几乎都将厨房、卫生间等基本使用房间放在主体建筑之外，虽然有利于减少气味的干扰，但是这样的布置导致交通流线过长，与其他生活空间联系不便，在冬季使用尤为不便。所以，厨厕问题的解决一直是乡村建设实践中人们最关注的事情之一。

3. 舒适性

居住建筑舒适性方面的属性，就本质而言是建筑与其存在的自然环境之间的关系问题。建筑舒适性的优劣，事实上是由建筑设计好坏造成的，而不是设备技术问题。

西北荒漠化地区自然条件恶劣，传统的乡村民居虽然历经千百年的进化和经验积累，通过摸索基本掌握了结合气候的建筑设计方法，为人们提供了基本适宜的居住生活空间，使人们得以生存繁衍。但是，也要全面、辩证地看待传统民居现象。这种被动的建筑气候应对方式虽然主要满足了人们对热环境方面的生理条件要求，但是受技术限制，往往是以牺牲其他环境指标为代价，采光、通风、空气质量等普遍较差，室内阴暗、潮湿、通风不好，难以满足现代社会对高质量居住生活的需求，产生了变革的动力。

另一方面，近年来大量修建的所谓新式乡村住宅，在将建筑层数、面积、风格、装饰等作为主要设计目标的同时，往往也注意到改善原有民居室内物理环境的不足，例如采光通风条件普遍提高，空气质量也得到显著改善，但却没有注意到保留其冬暖夏凉的生态优点。由于方法不当，造成冬夏两季室内热环境品质急剧降低，要么忍受这种变化带来的不适感，要么转向通过使用环境控制设备调整环境品质的途径。人体热舒适性和空间感受根本无从谈起。也就是说，在传统民居和大量拙劣的新建民居中，热环境与光环境、空气质量之间是一对矛盾，很难做到两者均好。

1）室内物理环境方面，热舒适性差

传统民居建筑一般具有冬暖夏凉的特性，但采光通风不良。与之相反，新建住宅建筑普遍冬冷夏热，热环境质量差，光环境过强，居住舒适性亦不佳。现阶段，西北民居室内热环境的主要问题为冬季室温偏低，原因有三：民居建筑由于追求其他因素，较少考虑气候作用；受经济承担能力的制约，冬季供暖不足；围护结构设计不合理，施工质量差。

无论传统还是新建民居，它们的体形系数普遍较大，有些甚至高达 0.9 以上。民居建筑多采用"一字形"的布局，虽然争取到冬季日照，但是过大的表面积却增加了热量损失，导致室内过冷，能耗加大。

总体而言，西北荒漠化地区乡村居住建筑室内热环境质量较差，难以满足人们对舒适生活质量的要求。如图 5-9 所示，室内寒冷，光线昏暗，居住舒适度差。

图 5-9 民居室内物理环境不佳，舒适性差

2）室内空气质量方面，通风采光欠科学设计

源头方面，受制于自然环境和经济水平所限，现阶段西北农村家庭多以消耗煤炭、农作物秸秆和薪柴等作为主要能源形式，且使用简易炉具直接燃烧，燃烧效率低，排放物缺少有效处理，部分 SO_2、TSP、CO_2 进入室内，造成室内空气质量轻度污染。与此同时，还存在着一些建筑材料和家具的化学污染。空气质量的改善方面，受到理论与技术局限性的影响，较小的开窗率无法及时将有害物排放到室外。

3）室内外空间缺少过渡处理，空间感受差

由于居住行为的转变，加上占地面积的减少，当前西北乡村住宅往往将较多的活动集中在居室空间内，加上人们室内外频繁出入的生活习惯，在处理室内外空间过渡上，似乎更注意去满足出入方便的需求，而缺少对舒适性的考虑，包括空间的层次感和冬季温度的过渡。常见的形式就是一道门，冬季外加一层棉帘。

（1）户门往往直对道路，缺少门前空间的处理环节——户内生活缺少私密性，乡村街巷公共空间对室内影响较大。

（2）缺少门厅、门斗等过渡空间——卫生状况较差，室内灰尘与泥土，影响室内整洁；冬季室内大量热量直接透过户门散失，加大了耗热量，也就降低了室内采暖温度。

4. 文化性

建筑造型是内部功能空间的外部形式化，除此之外还受建造技术、思想文化等的影响，体现出地区的时代文化特征，体现人们的审美情趣和价值观。因此，所谓"文化性"主要指空间或造型所具有的社会文化属性。

虽然自然恶劣，经济落后，但是经过漫长的演变，西北荒漠化地区乡村民居形成了一套固定的建造技术体系，并产生了与之对应的建筑造型。这种民居的空间、技术、形式等共同形成了这一地区的建筑风格，有其合理之处，在很长一段时间内被人们广泛接受、采用。

改革开放后，随着人口流动、文化传播的加快，城市强势文明和流行文化的冲击，直接影响了乡村建筑形态的转变，由原来稳定的一元化、相似化建筑形态，逐渐向其他建筑形态转变。人们往往以经济发达地区，包括城市或者乡村的建筑造型为理想模板，开始仿制自己的居住空间，似乎这样就可以将生活一起复制过来。

当然，不同类型的人有不同的理想范式，因此这一时期乡村民居的建筑形态开始多元化，但是在单纯复制形式的过程中，居住行为也同时一起被影响了。去县城打工的人回家后就以县城中那些他们认为"高级的"建筑为模板，去了省城的就以省城的建筑为对象；去南方的带回来南方的建筑形式，北方的自然就引进了北方的。建筑造型很难独立于功能，独立于建造工艺而孤立存在，因此造成了乡村民居建筑风格的相对混乱无序，更为严重的是建筑与地域环境的关系在这一转变中彻底失去了。

在西北乃至全国的乡村地区，大量忽略地域条件"拙劣模仿"城市现代建筑造型特征的新建居住建筑，不但没有提升建筑风格和质量，而且将能够代表本地区、本民族建筑文化和经验的传统建筑特色形式迅速替换掉，"千村一面"的现象十分普遍。从地区建筑文化传承角度看，令人担忧，也是乡村民居发展中存在的严峻问题之一。

因为建筑造型的巨变势必影响其内部的居住生活，空间布局的改变既适应了人们求新求变的思想，同时也加速影响了生活方式以及人与人之间的社会关系的转变。

其实，乡村民居建筑造型和建筑形式的转变是不应该指责的事情。按照现代建筑理论中关于"形式与功能"关系的判断，只要它们之间存在着必然联系，互为因果，那么形态的变化就是正常的。之所以说目前乡村民居的演变处于混乱和盲目之中，建筑的文化性丧失，关键在于民居建筑造型的变化多是为了变化而变化，与使用功能和实际生活是相互分离的关系。

从进化的角度看，这种受外界文化因素强烈影响的民居建筑形式变化，不利于建筑的发展。但是，在西北乡村乃至全国其他地区却极为普遍。

5.1.2　资源利用

在可持续发展理论指引下，任何建筑资源的使用都应该遵循以下原则：本地化（Local）、减量化（Reduce）、可再利用（Reuse）、可循环（Recycle），这样才能做到包括建造和使用环节在内的全寿命周期对周边环境的影响最小。受制于人们对生存环境认知水平和技术手段的掌握能力，传统建筑往往就地取材，不但经济节约，而且对环境的压力很小，从建筑与环境的关系来看可以说是生态的，乡村民居也不例外。

一般而言，乡村民居建筑的使用者、建造者往往都是依赖于农业活动而生存的农民。从古至今，受制于低下的生产力水平和国家农业产品价格政策，经济收入都是比较低的。因此，为营造较好的生活环境、维持生存，必须采取低成本、高效的建造方式去解决居住问题，包括建筑原材料、建筑用能类型等方面。那么，在资源类型的选择方面，因地制宜、就地取材就是最佳的选择，客观上也就造成建筑与环境之间的同生关系，材料来自于周边环境，最终又回到自然中去，对环境的影响最小。

在发展相对缓慢、经济相对封闭的社会环境内，在资源使用上，传统民居建筑很长一段时间内维持了与自然的这种关系。

改革开放后，受到工业化、全球化、市场化的深刻影响，加上本地资源的供应水平和自身的质量缺陷与不足，资源供应越来越倾向于通过市场化的手段来获得，逐渐摆脱完全依赖本地供应的现象，民居建筑演变也体现了这一点。如图 5-10 所示，地方政府统建的轻钢结构农村住宅，钢材与保温板等全部外部购入，成本高达 1300 元 /m^2，且无法满足人们对厚重墙体的要求，未建成即被放弃，造成极大浪费。

图 5-10　政府统建的轻钢结构民居，材料去本地化，成本极高，未建成即被放弃

来源：课题组提供

在这一过程中，需要注意的是城市与乡村在经济方面的差异性。城市的优点在于集约、高度市场化、价格低廉、供应充足；而乡村的特点是分散自然，经济规模有限，市场化程度低，商品价格较高，供应状况不佳。这也就意味着，某些对于城市而言价格低廉、性能优异、可以普遍使用的资源类型，放在乡村地区未必合适，不是因为性能，而是因为价格和供应的便利程度。但是，客观上看，工业化大批量生产的商品相对手工生产而言，价格低廉、性能优越，完全没有必要排除在乡村民居的选择范围之外，需要控制的只是其生产和使用过程中的耗能量和经济成本。

西北荒漠化地区乡村民居在建筑资源方面存在的主要问题如下：

1. 建材去本地化，难以循环再利用

西北荒漠化地区传统民居建材多以夯土、土坯为主，辅以少量石材、砖头、木材等地方原材料等，不但很好地发挥了材料的各种性能，而且节约费用，更为重要的是这些传统建材资源具有突出的可再生、可重复利用方面的性能。

在房屋建造中，围护结构的资源消耗量最大，所占比重也最多。几乎全部建材都被用作围护结构部分的原材料，为人们提供适宜的内部空间，人们所使用的并非材料本身。

但是多数时候，人们简单地将建筑材料等同于建筑来看待，误将建筑原材料本身的不足变成了建筑性能的缺陷，推动了建材的去本地化趋势。例如，用于建造墙体的土坯砖等生土材料，先天上具有不平整、易受潮、抗震强度差、开窗洞口小等不足，但是人们却往往错误地将它看成是传统民居的缺陷，以至于在经济稍微富裕后都将使用和居住在生土建筑中作为贫困与落后的标志，拒绝使用那些地方建材，纷纷开始转向混凝土等现代材料，大量的砖混结构的乡村住宅如雨后春笋般在全国各地拔地而起。可以试想，若干年后，当这些乡村居住建筑进入更新换代周期，拆卸下来的不可再生建筑材料将面临的巨大环境压力。

相对混凝土、烧结砖而言，生土、木材等地方建材突出的生态优点无需多说，但也并不意味着民居一定要排除混凝土等材料，只是希望尽量少使用不可再生资源，同时最大限度发挥材料特性以提高建筑生活质量。理想状态下的民居建筑，或许是多种材料组合的形式：用钢筋混凝土提高建筑的整体性与抗震性，用生土做墙保持围护结构的热稳定性，等等。这样，组成建筑的大多数资源就可以是当地的、可再生、可循环的，需要认真处理的仅仅是一小部分而已。

2. 建筑用能，商品化、增量化

乡村居住建筑用能主要包括两部分：生活用能和建筑用能。

1）生活用能

生活用能和居住建筑的类型、形态没有直接联系。也就是说，无论住在土坯房、钢筋混凝土住宅，抑或是玻璃房子中，人们的正常生活总是要进行的，都需要烧水、做饭、洗衣、看电视、夜间照明等，这些生活需要耗费一定形式的能量。就特定地点、特定时期而言，生活用能是一个常量。就总体发展趋势而言，随着生活质量的提高，生活用能的数量是不断增加的过程，能源形式从传统可再生能源（主要是秸秆燃烧）向商品能（煤炭、电力、石油、煤气等）的转变。

这一部分与建筑设计没有必然联系，不随建筑形式的不同而变化，因此不在本书研究范畴之内。但是，需要注意的是通过建筑层面的设计可以为生活用能的减量化、无害化作些贡献。比如，合理设计屋顶角度与形态为安装太阳能集热器提供方便，可以提供部分生活用热水，减少生活用能消耗。

相对生活用能而言，建筑用能的数量要大得多，近年向商品能转化的趋势也更为明显，潜在的资源与环境压力更大。因此，在西北荒漠化乡村民居设计中特别需要注意的是建筑用能部分的研究。

2）建筑用能

建筑用能指为了实现和维持建筑室内热环境、光环境，而在建造和使用过程中所耗费的能量。对于建筑设计而言，需要同时考虑建筑使用和建造阶段两个环节的用能。

从本质上看，建筑之所以需要用能，是因为自然环境往往不够理想，难以满足人们生活生存需要的环境要求（主要包括了温度条件、照明条件），只能通过人工的手段调整室内环境。例如，冬季寒冷，需要消耗燃料采暖；夏季炎热，需要消耗电力通风、制冷；白天或夜间房间内部采光与照明条件不好，需要辅助人工照明形式，等等。

传统民居建筑只能被动地结合气候而设计，舒适性较低，但能耗普遍较小，生态优势明显；在用能方式和类型上，主要通过燃烧植物秸秆、局部加热等方式，取得了相对舒适的室内热环境。虽然效率不高，但却改善了居住环境，有效地控制了成本，同时对自然环境的压力十分有限。如，严寒地区的火炕成为人们过冬的有效手段，沿用至今，仍有很好的应用前景。

近年来，老百姓自己盲目"模仿"其他建筑式样修建的所谓新民居，由于一味追求求新求异的外部造型，没有考虑建筑能耗问题，忽视了环境对建筑的决定作用。不合理的布局与空间组织，不合理的材料使用和构造措施等，都造成了室内热环境质量恶化，只能通过加大采暖的方式满足冬季需求，使得建筑能耗急剧加大。所以，建筑脱离了环境的限制，无法结合气候协同工作，只能借助于通过暖通空调设备改善室内环境。

正是由于建筑的能耗加大，冬夏室内环境恶化，人们不得不加大使用设备手段改善室内环境，加上有些设备只能使用电、煤、油等能源形式，所以从表面上看是空调、采暖锅炉等改变了能源结构，加大了乡村能源的消耗量。当然，提高暖通空调等环境控制设备的效率有利于减少耗能量，减少对商品能源的需求。但是，其潜力是十分有限的，并且不是建筑学专业的研究范围。

在过去的历史中，西北荒漠化地区冬季需要消耗大量的燃料用于取暖，农村多就地取材直接燃烧植物秸秆，虽然材料热值不高，炉具、火炕的燃烧效率也很低，但是这种形式完全满足了冬季取暖需求，既节约了商品能源的使用，也充分利用了现有资源，是一种合理的能源使用方式，有待进一步改善的或许只是提高燃烧效率和使用的清洁程度。正是由于上述缺陷的存在，近年来人们逐渐放弃这种采暖的方式，转向通过燃烧煤炭烧暖气的方式解决冬季采暖问题。这样一来，煤炭需求量急剧提高，随着煤炭价格的飙升，经济负担明显加重。据调查，银川地区普通农民家庭每个采暖季需要消耗大约 2 ~ 4t 煤炭，总花费约 2000 ~ 4000 元 / 年，折合采暖面积耗煤量高达 50 ~ 70kg/m^2，甚至更高。

需要特别强调的是，对于冬季采暖需求，植物秸秆等生物质能恐怕是当前最为合适的了，燃烧煤炭等高品位能源是一种严重的资源浪费。

对西北荒漠化地区乡村民居建筑设计而言，需要注意的是在提高居住质量的同时，如何通过建筑手段降低建筑能耗水平，包括朝向、布局、空间组织关系、开窗形式、构造做法等，因为这些才是决定建筑能耗性能的根本所在；同时，尽量考虑改善可再生地方能源利用的水平和质量；在此基础上，尽可能减少商品能的消耗。从这三个层次出发，对于控制建筑用能是有帮助的。

3. 能源使用效率低，经济压力大

前面提及，西北荒漠化地区乡村传统民居是建立在充分结合气候、较低的舒适性和较低的经济水平基础之上的，与之同时伴生还有较高的能源使用方式。具体而言，炉具热效率低，但人们通过局部加热的方式提高了生活区域的温度，收到不错的效率。

据调查，现在西北乡村冬季多为直接用火炉燃烧煤炭和烧火炕相结合的形式解决采暖问题。简易的火炉的热效率不到 30%，有大量的热量随烟气排放到室外，部分煤炭没有充分燃烧被当作垃圾倒掉。植物秸秆热值虽低，但是火炕的采暖效率尚可，重要的是可以有效地加热局部与人体热舒适直接相关的空间，使人们感觉较为舒适。

近年来，由于火炉、火炕等行之有效的局部采暖方式逐渐被暖气等加热整个房间空气的做法所替代，变成房间整体采暖，加之围护结构传热系数较大，因此难以通过加大燃料使用量提高室内气温的目的，造成煤炭使等燃料用量加大，但整个房间室温不高，采暖效率低的现状。

因此，在农村民居中加热整个房间的做法当前是不现实的，既没必要，也不可取，其效率必然很低。

同时，需要注意的是，在建筑用能逐步向商品能转化过程中，经济压力问题逐渐突显。十几年前，煤炭价格很低，每吨大约 100 多元，因此粗放的使用方式没有引起人们的注意；随着近年燃料价格的飞涨，现在烧 1kg 煤的价格几乎和 1kg 小麦的价格一样了，效率问题变得愈发突出和迫切。价格压力迫使人们必须通过改变生活习惯和降低生活品质的方式来做到经济成本的节约，却较少考虑如何降低建筑能耗、提高能源效率的方式解决。

回顾传统民居采暖方式的变化，可以发现在可行的前提下，提高采暖效率和降低经济成本的有效方式可以通过四个方面实施：一是建筑设计环节尽量降低建筑能耗指标，需要注意它的选址、朝向、布局、空间组合等方面；二是确认适当的采暖方式，局部或部分采暖是有效、可行的方式，不能推广整体采暖的方式；三是改善围护构造措施，提高墙体、门窗、屋面等的传热系数；四是提高炉具、火炕等的热效率，尽量多地使用可再生能源。

5.1.3　环境负荷

传统乡村民居的建造技术诞生于古代，通过演变与当时的生产生活方式、对环境的感知和要求等相适应，对环境的负面压力很小。近30年来，快速发展的经济和变动的生活方式，对乡村居住建筑的环境方面提出了严峻的挑战。

由于在建筑层面缺乏有效的应变机制，对快速变化的生活难以作出适当的改变，出现了刚性的房屋这一空间实体与柔性的居住生活之间的失衡，因此使用不便，能耗加大，但更为重要的是增加了环境压力，同时恶化了环境质量。就外部环境而言，污染和卫生条件的恶化需要重视。乡村民居庭院与周边环境卫生状况如图 5-11 所示。

图 5-11　西北荒漠化乡村民居庭院空间及周边环境卫生状况堪忧

在粪便处理上，农村过去多采用堆肥消解，作为肥料施放到耕地，做到了垃圾的无害化和资源化。这时的厕所多为旱厕，虽然臭气熏天、蚊蝇滋生，但是只需稍加改造处理和管理，就可以满足卫生的要求。

可是，近年来大力推广旱厕改水厕后，污水无处排放，多集中到住宅周边或者村庄附近的河沟、洼地等处，严重地污染了水体和空气。对于村庄这样的规模而言，走城市的污水和垃圾无害化处理道路很难，也就是说在垃圾等废弃物处理手段上，必须探索适合西北农村特点的模式，走小规模分散式处理的道路是可行的。

在垃圾处理上，减量化、无害化和资源化的原则是必由之路。首先通过节制的生活方式减少垃圾产量，并将可回收的垃圾作分类资源化处理，对于剩下的可降解废弃物再通过堆肥、发酵等工艺作无害化处理，最终将其当作肥料回归到自然。

对于民居建筑设计而言，一方面，需要合理安排厨房厕所等房间的合理位置，在方便日常使用的前提条件下，减少对其他房间的干扰，合理选择和改良目前的垃圾与污水处理方式。另一方面，需要考虑减少这些处理设施对居住生活的影响，保证良好的居住环境。

5.1.4　社会效应

此外，乡村民居发展中也面临着诸如传统乡村建筑特色消失、城乡面貌趋同、建造成本和使用费用急剧增加等问题值得关注。

几十年来，城市文化与现代建筑形式的强势流行，使得原本清晰的城市与乡村建筑的界限变得模糊，南方与北方的差异消失。受其影响，加速了落后地区乡村建筑风格的消亡进程。

这一过程，人们往往将责任归咎到现代化、城市化的头上，似乎是因为现代化的建筑造型使得乡村民居衰落，其实犯了因果倒置的错误。问题的根源其实出在了乡村建筑本身，它缺少系统的适应能力和变化，以至于无论从功能上，还是从形式上都难以满足现代乡村生活的需求和审美情趣的变化，人们只能被迫地寄希望于借助现代建筑、城市建筑的理论、方法与形式去解决乡村居住问题，却因为两者的形成与运行机制完全不同，造成了乡村建筑混乱的现状，脱离社会因素的制约，变得越来越难以收拾。"露天厕、水泥街、压水井、鸡鸭院" ❶ 恐怕就是当前多数乡村环境的恰当描述。

5.2　既有民居模式不适应居住需求的发展

现实社会正处于变革的年代。人、观念、生活方式、环境、建造技术等都在变动，前面已经作了简述。问题是，这些因素的变化何以造成民居的种种不足与问题？

5.2.1　社会原因

传统民居建筑模式是在相对封闭的环境下发展演变而成的，并非建立在提出问题和解决问题的基础之上，而是在相对低标准的社会条件下，经验积累的基础上。依照现在的眼光，谈不上舒适，但却是那时的最佳选择，可以用"适宜"来描述。由于在方法和理论层面缺少系统性，缺乏应对变化的机制，外界条件的变化一旦破坏了已达成的平衡状态，就需要进入探索周期去寻找新的平衡点。当外界条件发生变化时，原有的方法往往不能及时作出调整，造成一定时期的盲目性，势必出现居住质量不佳、环境恶化、经济浪费等问题。

---

❶　黎生南 . 农村民居现状探析 [J]. 长江大学学报（自然科学版）2009，6（1）: 309-311。

因此，在理论层面，成熟的现代建筑理论侧重功能主义的思想，更适合城市建筑的现实状况，与乡村居住建筑的基础存在着区别，因此需要研究乡村民居建筑模式的有关理论。

1. 内在主因

经过历史选择、优胜劣汰而形成的传统民居建筑，那些习惯性的做法和经验积累还没有形成科学的理论系统，或者系统不健全。当受到外来（思想、材料、技术、需求、人、建筑形势与理念……）侵袭，加上其所固有的缺陷和问题，不能作出及时的应对和调整，只是出现各种错乱现象。这种不适应性，是由于自身缺乏调整修复能力造成的，因此，建立农村居住建筑的理论系统对于其发展十分必要。纵观传统建筑的发展，里面还是有一定的系统雏形，例如对气候的应对、对材料的选择等，而它们可能是不自觉的，所欠缺的是人为的、自觉的、科学化、系统化的过程。

2. 外界诱因

外来所谓"先进、现代"建筑技术（高造价、高技术、高门槛）冲击了传统建筑技术，影响了技术发展的连续性和固有民居建筑形式的变化；外来所谓"先进、现代"建筑材料（高效、高强度、高性能）冲击了地方建筑材料，影响了材料与构造的配合和建筑的外观；外来所谓"先进、现代"文化和价值观冲击了对地域建筑的判断和误读，自有文化价值或许被打断。

5.2.2　民居研究不适宜套用现代建筑理论

现代建筑理论有一套完整的解决问题的体系，解决了功能、形式与空间的关系，满足了城市工业化过程中对新型生活空间的需求，是建立在高度发达的工业和市场基础之上的。

在处理乡村问题时，往往不加甄别地直接应用那些在城市被证明有效的经验，包括乡村教育、乡村管理、卫乡村生等行业，事实证明这种做法具有显著的局限性。因为城乡之间存在着根本差异，其社会基础、经济基础、工业基础等均不相同，导致现代建筑在农村建筑中失效。

在具体的设计操作方法上面，由于既缺少技术支撑，又欠缺方法的应用，造成了没有方法的乱闯、乱模仿、乱借鉴别的建筑模式。

简言之，现代建筑理论没有给出农村建筑的解决方案，更没有西北地区的成功应用。

功能主义解决不了乡村民居的全部问题，只能部分解决或改善。

1. 现代建筑在乡村应用的障碍

近年来，关于建筑生态技术的研究发展迅猛，但大都是针对城市建筑的，它们往往立足于城市的经济技术条件，强调性能的突出，走的是高投入高效率的路线。如太阳能发电、地源热泵技术、外墙保温技术、污水集中处理等。应用在城市建筑中可谓效益明显，但是放在乡村恐怕经济承担能力、技术支撑、材料等都会出问题，因此似乎用不成，或者说效果不好，那么乡村建筑的技术来源在哪里？

2. 传统建筑在当代的局限性

传统建筑技术是阶段性的产物，带有鲜明的时代性，客观地看，标准是比较低的，难以满足现在的变化需要，需要对传统建筑技术作现代的改进和提升，在提高性能的同时保留其突出的生态、经济等优点。

农村原有的包括水窖与涝池等集水和水处理、堆肥垃圾处理、火炕采暖、夯土结构、植物秸秆等在内的行之有效的技术，因为生活方式变化和观念上的问题，逐渐被淘汰。

5.3　西北荒漠化地区民居生态化道路的探索

5.3.1　对西北荒漠化地区民居演变的认识

简单地看，促发乡村民居出现上述缺陷和不足是有原因的。如果排除了时间空间的影响，排除了评价标准的不同，那么更重要的原因应该是民居自身正在发生某些变化，正在调整中，还没有形成系统，以至于问题多多。

排除"时间、空间的影响"，意味着不能把古代的民居同现代的住宅直接比较，不能把城市居住建筑作为标准去检验乡村民居性能和质量的高低，不能把西方工业文明的建筑形式与我国西北荒漠化地区的乡村民居作直接比较以证明民居的缺陷和不足，那是不现实，也是没意义的。

排除"评价标准的不同"，意味着古今中外不同地区关于民居建筑何为好何为差的标准是不确定的，并非一成不变。也就是说，不能以今天的标准去看待和衡量过去的事物，不能以城市的标准去评价农村建筑。

科学合理的方式，首先应当承认城乡之间在自然与社会发展方面存在的差异性；其次，认识到由此产生的不同生活方式和具体需求；再次，对不同的客体采用不同的标准去分析研究；最后是指定出相应的问题解决策略及实施过程。

乡村民居演变中出现的种种现象，就其实质而言不是单纯的功能和形式问题，也不是一般的经济和技术问题，更不是简单的能源与环境问题，而是由多种因素交织在一起，相互作用而成的，机理十分复杂。有些是因其自身结构性不足而产生的，有些却是因为外部条件的变化而间接对它提出新要求而产生的，同时具备了传统民居与现代建筑的所有缺点。

针对乡村民居问题，通过简单的技术手段难以奏效。因为现代建筑设计理论更多地关注于建筑单体的功能与形式问题，往往忽视了外部环境条件对建筑的限制作用。而乡村民居受自然与社会环境的作用十分强烈，因此必须将民居建筑问题放在大的社会与自然环境背景中去考察，才能明确主要矛盾和平衡的标准。也就是说，民居的研究既需要从建筑自身的要求出发，同时更需要从环境与社会发展承受能力的高度出发，决定它的发展方向、目标和方法。这是乡村民居与城市住宅设计不同的地方。

5.3.2 经济问题不是民居衰退的主要原因

在乡村民居发展的问题上，其质量差的主要原因经常被简单地认为是传统建筑技术落后，乡村不适合现代建筑形态，反过来说只要应用了最新建筑技术就能改善居住质量，其实是犯了因果倒置的错误。

从本质上看，西北荒漠化地区气候恶劣、生态脆弱、经济贫穷、发展落后等都不是乡村民居建筑质量差的主要原因，只是增加了解决问题的难度，并非问题所在。

经济的差异性仅仅决定技术的多样性。

经济学家周其仁教授从经济学角度认为人的需求的满足是有条件的，并非没有任何因素限制。"人类的需要永无止境，受到的实际约束主要就是货币购买力。"❶ 可见，经济问题决定了需求满足的程度。

穷人有穷人的追求，富人有富人的希望，他们对于居住的需求以及相应的经济承受能力也是不同的。比如，富人冬天需要24℃，从他们的生活方式出发这可能是必需的，虽然或许多消耗了一些能源，但经济上完全能够承担。若这一温度提供给穷人，要么生活方式的错位可能导致不便，要么经济难以负担。因此，在满足基本生理需求基础之上，应该允许不同经济能力的人享受不同的居住舒适度，同时付出相应的经济消耗，通过经济杠杆规律调整。在强调生态建筑的总路线下，也应当允许不同经济成本的技术路线。

经济承受能力决定具体的技术措施和态度，如同一个时期，法拉利汽车与廉价车的比较：相对而言，法拉利价格高，更强调性能；而韩国车更强调经济性与性能之间的平衡关系，但平衡点更偏向于经济性一侧。

经济落后并非乡村民居居住环境恶化的原因，人们往往将民居演变中暴露出的种种缺陷与不足简单地归咎于经济力量的薄弱，认为"经济的穷"是"居住质量差"的原因，其实两者之间没有必然联系。需要特别指出的是，所谓的经济落后不是民居建筑不行的原因，只不过它限制了直接采用发达地区的成熟建筑技术。真正的原因在于受制于经济条件的制约，使得提高生活标准的目标变得困难，传统的建筑方法因无能为力而变得束手无策，成熟高效的建筑技术因成本高昂而难以负担。

落后的经济制约了直接采用新技术，需要探索适宜方法。

与此同时，恶劣的自然环境增加了建筑的难度。自然环境的恶劣虽然不是民居建筑差的原因。但是客观上看，因为环境恶劣建筑面临的问题相较其他地区更为困难，需要同时

---

❶ 周其仁. 通货膨胀与农民 [EB/OL]. http://zhouqiren.blog.sohu.com/164673934.html。

处理气候问题、节能问题、功能问题、空间问题,关键还是需要探索出因地制宜的建筑方法。主要原因在于建筑是否满足人们对居住质量的需求及资源环境限制导致的无法满足之间的矛盾,如何在不利的外界边界条件限制中,形成舒适健康的居住条件。

5.3.3 亟待解决的问题

荒漠化地区民居发展中面临的关键问题既不是单纯的功能与形式矛盾,也不是简单的技术与经济冲突,更不是一般的能源与环境压力,而是如何在自然资源、社会环境的双重约束下提高居住质量(安全、功能、舒适等)的问题。

通过上节分析,在西北荒漠化地区无论是传统乡村民居还是新建民居,它们面临的主要问题首先都是提高居住的安全性、便利性和舒适性。从建筑的本体角度看这些才是建筑的最基本属性和目标,当然做到这一点的基础是需要与环境充分协调。其次,基于地区经济发展落后的现状,经济性也是民居建筑需要解决的主要问题;至于文化性,形式与风格等问题只能排在后位。

西北荒漠化地区恶劣的自然气候条件、脆弱的生态环境与滞后的经济水平耦合的特点决定了解决上述民居问题的复杂性和艰巨性,与建筑有关的自然与社会因素都十分不利。在那些自然气候条件恶劣,但经济发达地区,解决民居问题并不困难,从某种意义上看只要投入资金和能源就可以达到目标,如以色列的乡村住宅。在那些自然气候条件适宜,即使经济发展相对落后,民居问题的解决也并不十分困难。如热带的巢居形式,只需要简单地搭建个棚子,就可以满足最基本的生存需要。

西北荒漠化地区恶劣的自然气候环境,决定了乡村民居建筑发展的困难性。能够满足基本的生存需要就已经十分不易,再加上贫困的经济条件限制了成熟建筑技术在农村的推广和应用,乡村民居建筑的发展难上加难。在自然和社会环境耦合的情况下,乡村民居该如何发展?

也正是在提高和改善建筑性能的过程中,由于理论、方法和措施的不当,加上认识的局限性,其演变才出了问题,以至于众多的现象纠结在一起难以区别,所以,急需解决西北荒漠化乡村民居设计的有关理论问题,包括发展方向、目标、影响因素、主要矛盾等内容。

5.4 小结

西北荒漠化地区特殊的自然与社会环境孕育出了多种传统民居建筑模式。虽然表现形式各不相同,但是都充分适应了当地气候、资源和社会条件,并且在空间形态上与生活方式同构,居住质量符合当时的需求。从现代的眼光看,它们符合生态建筑的基本原则和特征。

时代进步,建筑使用者和外部社会环境同时发生变化,一方面对居住环境质量提出新需求，另一方面也对其发展提出了新限制。建筑使用者的变化包括了生产生活方式、家庭结构、生活标准、居住需求、价值观与审美等因素；外部社会环境的变化包括了宅基地政策、乡村经济的发展、建造技术、文化渗透、市场经济影响等。

在内外因素的作用下，乡村民居演变偏离了既有的发展轨迹，暴露出各种各样的问题，阻碍了民居建筑正常演进过程，包括居住质量、资源使用、环境负荷、社会效应等方面。总体而言，这些问题既不是单纯的功能与形式矛盾，也不是简单的技术与经济冲突，更不是一般的能源与环境问题，而是多种困难的交织作用。

实践证明，上述问题无法通过局部性的技术改造与更新解决，也不能通过功能与形式关系的设计方法解决，需要从理论层面探索乡村民居的关键问题和模式化的解决方案。

6 西北荒漠化地区生态民居模式研究

民居作为建筑的重要组成类型，除了需要从自身合理性范畴研究外，更需要从更大的范畴，比如环境负荷能力、能源供给能力、社会经济承担能力等方面的关系确认建筑的定位。

从建筑内部、建筑自身合理性角度看，包括了人的基本生理需求、使用便利性、安全性、舒适性等基本性能，涉及建筑的本体问题。而且，这些方面几乎是纯粹技术性的要求，各地区、各类人的差异性很小，特征是趋同的，在技术上完全可以借鉴有益经验来改善本地区建筑质量。现代建筑设计理论也主要是从这些方面着手解决问题的，但是仅如此还是不够的。

从建筑与社会、建筑与环境的整体关系角度看，建筑研究也应包括对自然资源的依赖状况，对社会经济发展水平的要求与自然环境的互动关系等方面，而这些方面的关系错综复杂，对建筑的影响也十分巨大，而建筑作为社会发展的重要组成部分与外界的关系又必须考虑和处理，因此需要厘清建筑与外界的关系并将这些因素排序。

本章在建筑满足基本属性的前提下，借用宏观社会经济发展的 3E 理论，试图从建筑与外界的关系角度进行研究，探究决定建筑发展的外部因素及其作用，以建立的民居建筑模式框架。

6.1 西北荒漠化地区民居模式的内部因素

6.1.1 西北荒漠化地区农民生活的特殊性

由于过去民居研究中存在某些缺点，譬如主要着重研究民居的建筑问题，存在着只见"物"不见人的传统偏见 ❶，忽视对建筑使用者和建造者——人的研究，包括人的居住和构筑行为以及其中心理。

---

❶ 蒋高宸. 多维视野中的传统民居研究——云南民族住屋文化·序 [J]. 华中魂筑，1996（14）: 22。

本书从这一基本认识出发，认可"人是民居建筑的核心"❶的基本观点，提出对农民进行研究，包括需求、心理、价值观的研究，因为它是对居住行为及构筑行为的基本动力和原因，另一方面居住和建筑行为也是心理的合理反应。

居住活动及住宅本身是受人的需求和满足需求的欲望的推动，是人与自然、社会整合的结果。由于荒漠化地区现实条件往往不够理想，甚至十分恶劣，而人的生命又需要相对稳定的物质和环境条件保障与维系，因此推动了有关的建筑行为，继而形成了适宜各地自然条件的居住建筑类型和对应的建筑技术，因此需要对人的心理和行为进行研究，从而真正掌握民居发展前进的推动力。按照蒋高宸教授的话说就是"居住需求是引起、推动并调节控制居住行为和构筑行为的内驱力，而建筑意识则对居住行为和构筑行为带有指令的意义"。

1. 人体基本生理感受基本一致，但存在着差异性

虽然不同地区、不同职业的人对于基本生理感受的需求存在着差别，但总体而言是趋于一致的，具有明确的规律和范围。这是所有建筑类型都遵循的基本规律和要求。

不同人对舒适、痛苦、幸福等的感受和理解是不同的。比如，冬季西安人认为在室内穿件毛衣就很好，这样的温度差不多就是 16 ~ 18℃；北京人认为穿件衬衣是比较合适的，这样的温度大概需要 24℃左右，而农村囿于生活方式、经济能力、习惯等，一般认为只要不冷即可，这样的温度差不多就是 10℃左右。乡村住户普遍没有出入室内换衣的习惯，在室内同室外衣着上没有太大区别。

除了性别、年龄、健康状况等之外，影响人体主观感受的主要因素可能有生活习惯、经济因素等。也就是说，需要根据不同职业、不同收入的人所处的不同条件，制定相应的标准，而不能是同一标准到处使用。

对于民居建筑的生态化发展而言，也需要承认人们现实生活状况的差异性，强调在各自基础上的生态化，这是切合实际的，即生态建筑的标准不能是统一的，而是多样化的，但他们的最终目标应该是一致的。

2. 农民需求层次的特殊性与多样性

1）西北荒漠化乡村地区的居住需求分析

以马斯洛需求层次和蒋高宸居住需求理论为基础，针对我国西北地区农村特殊性，结合民居建筑发展历程和特点，按照从先单体后整体，先个人后社会，先生存后生态，先功能后形态的顺序，将乡村居民对居住需求划分成不同的层次结构，从低到高的顺序依次为：安全性需求、便利与舒适性需求、经济性需求、社会性需求、生态性需求等五个层次，如图 6-1 所示。其中，安全性需求就是在生存优先的基础上和马斯洛的安全需求是一致的；

---

❶ 蒋高宸. 广义建筑学视野中的云南民居研究及其系统框架 [J]. 华中建筑，1994，12（2）：66。

经济性需求强调经济效益，即投入与效益之间的比值关系；便利与舒适性需求对应着蒋高宸的质量需求和马斯洛的生理需求，强调充分满足与居住有关的各种生理和心理活动；将蒋高宸教授的"人格需求"与"尊重"（Self Esteem），"归属与爱"和"自我实现"（Self Actualization）需求合并，形成社会性需求。在前面三项居住需求满足的条件下，提出居住舒适性需求的目标。在此之上，考虑可持续发展的时代背景，居住建筑又有生态性的需求目标。

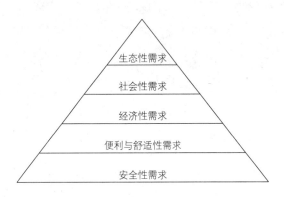

图 6-1　西北乡村民居居住需求的一般层次顺序

在上述五项需求中，值得注意的是经济性需求通常起着控制性作用。由于其在不同地区、不同人群中具有很强的不确定性，表现得异常活跃，位置经常发生跃迁，经常超越到便利与舒适性需求之前，有时甚至超过安全性变成乡村民居的首要需求目标。但某些情形下"便利与舒适性需求"也会起到主导作用，取代安全性成为决定民居的主要因素，如图6-2所示。农民不同的心理需求层次顺序决定了民居建筑在解决问题时的态度和方法，可以作为解释民居现象的原因。本书限于篇幅，此处不作展开。

图 6-2　西北乡村民居居住需求层次的不同变化

2）西北荒漠化乡村民居居住需求理论的应用

在满足前四项（安全性、经济性、使用便利与舒适性、社会性）的基础上，各种需求的内容及次序会发生变化，最终落到本书的基本观点上面，即在自身需求满足的基础上，减小对环境的负面影响，与自然生态环境和谐共存。

上述几个层次的居住需求并非截然分开，高层次的需求可能与某些基本需求同时并存。但人们对住宅的需求从整体上是分不同层次逐步提升的，或者说在一定的社会经济发展阶段，人们的居住需求对应着相应的层次，这种相应层次的需求可能在整体社会层面上更具有目标性。改革开放二十多年以来，人们对住宅需求的不断提升与变化充分说明了这一点。住宅必须不断适应人类社会的发展变化。

在西北乡村地区，受制于社会经济发展缓慢的约束，人们的居住需求从总体上看还处于前三个层次的满足，即安全性需求、经济性需求、便利与舒适性需求。相对的，居住社会性需求、生态性需求较弱，居住建筑在这些方面的考虑和处理也较少。

尽管如此，现实生活中乡村民居出现的一些变化也表明居住需求在不断提升。由于快速城市化进程、文化的跨地区传播，原有相对封闭的心理需求和价值观也出现了结构性破裂，层级间的界限变得模糊，这样居住的需求层次往往会发生层级间的跃迁现象，即高层级的需求有时会变得格外迫切。

随着经济状况的改善、生活方式的转变、社会文化的进步、文化交流的频繁，人们除了对居住的安全性需求、经济性需求、便利与舒适性需求有急迫的渴望外，社会性需求的位置也急剧提高。新型建筑材料、技术和设备的应用，如面砖、混凝土、玻璃、空调等，与其说是在改善建筑质量，还不如说是为了满足大家的社会性心理需求。

当生产落后，而人们对美好生活的期许又超出经济能力范围，生活完全建立在粗放的生产方式基础上的时候，居住建筑和人居环境必将停留在相对较低的水平，而无所谓生态观。

另外，由于农村居住建筑从过去就地取材逐渐转向市场购买的形式转变，加上材料与能源价格的不断提高，从经济上看或许超过经济收入的增长速度或承受能力，使他们不得不考虑能源和经济问题。

当社会经济协调发展到较高水平，只有当社会经济发展与生态保护相协调成为人们的共识后，人们才有更为自觉的在基本需求满足的同时考虑社会与生态需求，以建设生态家园为目标，人居环境与生态的协调才会达到真正理想的水平。

因此，人居环境的发展是与社会经济整体发展水平相适应的。民居构成、布局形式、基础设施水平等既应该与当前社会经济发展相协调，又应该适应社会经济的发展，与人们居住需求层次的不断提高相适应。

3. 价值观与生活目标的多样性

由于生存环境的根本差异，农民对生存和发展需求，以及评价事物的原则和城市市民是有区别的，这就导致了他们做事行为的差异性，当然也包括居住行为的不同。只有从人的价值观角度入手，才能真正发现农民对居住的看法，以便准确把握发展的目标。为了研究农民对于居住活动的特点，有必要从价值观的角度审视，才能真正找到行为的原始动机。

这是因为，从系统论角度看，建筑是一个具有自我生长与调节机制的多层次结构的大系统。从里到外，可分为价值体系，这是最核心的部分，再者是习惯与制度层面，最外面是物质生产层面，包括认知能力和技术手段等内容。价值决定了制度，制度又决定了物质生产的水平。反过来，物质层面对制度，制度对价值体系也会产生作用。在建筑的变迁和发展过程中，层次越深，稳定性越高；另一方面，承载的群落越大，稳定性越高。当一种建筑文化遭受到外来的冲击时，会经历一个调整的过程 ❶。一般而言，这种调整最初会从物质层面开始，引入新的技术手段，然后要求制度层面的变迁，最终要求价值体系的调整，是一个递进的过程。

1）价值观

根据《生存价值观探析》中的相关描述，所谓"价值观"，就是人们基于生存、发展的基本需要，在生活实践中形成的评价事物的原则和方法，是人们区分好坏、利弊、善恶、美丑等的观念和约束性规范，它通过对事物的评价直接影响人们的思想和行为。

价值观构成了人们选择的依据和取向，也是人的行为方式的基本动力。每个人都是在自己的价值观支配下从事各种活动的，不同的人具有相异的价值观，他们的活动及其产生的后果、意义也因此各不相同。

2）生存价值观

作为价值体系构成中的一类，生存价值观就是人们对生存的根本性问题的综合性、整体性的认识和思索。它决定了人们的生存目的、生存意向、思维方法和行为方式。

"人的生存表现为不同层次" ❷。首先，人的物质属性决定了人的存在要符合自然界的普遍规律，这是最基本的性质；其次，人的生物属性决定了人的生存要符合生物进化规律；再次，人的动物属性决定了人的一切活动都具有动物性；最后，人具有区别于其他动物的社会属性，因此人的生存也具有社会意义。

人是物质存在、精神存在和社会存在的统一体，具有物质属性、精神属性和社会属性。人的生存需要面对人与自然、人与社会、人与自我之间的关系，物质需要、精神需要和社会交往需要是人的不同层次需要。

人的活动以价值为核心，人的生存价值主要有物质价值、精神价值和社会价值，不同时代、不同职业的人对生存价值的追求和选择是不同的。

传统的生存价值观，注重人与社会、人与自我的关系，注重人与自然的和谐统一，形成了富有民族性特征的整体性、中庸性和适度性特征，维系着中国人的稳定生活。

---

❶　江上小堂.文化载体 [EB/OL].http://bbs.tianya.cn/list-no01-1.shtml。
❷　王德军.生存价值观探析 [M].北京:社会科学文献出版社，2008：6。

3）中国农民的生存价值类型与层次

在对农村调查的基础上，贺雪峰教授将中国农民的价值分成三种类型，按照从低级到高级的顺序依次为：基础性层面价值→社会层面价值→精神层面价值❶。

（1）最底层——基础性层面价值。

基础性层面价值就是，人作为生命体延续所必需的生物学条件，包括衣食温饱问题，这方面解决了人与自然的关系问题。该价值需求可以包括两个层面：一是个体生命生存和延续的基本条件（衣食住行和生命安全等）的需求，没有基本的衣食住行，人就不能生存下来；二是在满足基本生存需要之上带有舒适意味的衣食住行。

对于民居建筑而言，"人的基础性层面价值需求"在马斯洛的需求层次理论体现在生理需求（Physiological Needs）、安全需求（Safety）两个方面。

人追求口腹之欲，希望更加舒适的个人生活，这是人的生物性本能，但人又不只是一个生物性需要所可以满足的，还是一个社会的人，是希望生命有价值和意义的，只要有条件，就会追求自我实现，有反思能力和攀比欲望。

随着经济条件的提升，基础性层面价值需求往往会上升到社会性和本体性价值层面。

（2）中间层——社会层面价值。

社会层面价值就是关于人与人之间关系，关于个人在群体中的位置及所获评价，关于个人如何从社会中获取意义等问题。

对于民居建筑而言，"社会层面价值"在马斯洛的需求层次理论体现在社会需求（Belonging-Love）、尊重需求（Self Esteem）两个方面。

在乡村文化中，特别讲究人伦和社会关系，这种文化强大到足以将个人淹没的程度。农民的生存价值中，有着更多为他人而活、为社会而活的成分。由此，在日常生活中，人们误将社会中他人的评价与看法作为了人生的根本目标，并以此来获得安身立命的基础。

例如，在乡村民居中，经常可以看到人们不顾基本的居住便利性、舒适性要求的提升，而花大力气装点门面，追求漂亮的外形，希望得到大家对自己经济实力、审美情趣，乃至价值的认可。这都是农民生存价值体系中的社会层面价值在起作用。

（3）最高层——精神层面价值。

精神层面价值就是关于生命意义问题的思考。这种精神层面的价值，可以叫作本体性价值。在传统社会中，构成中国农民安身立命基础的恰恰是传宗接代，是通过繁衍子孙来延续个体有限生命的意义。

4）价值观的民居研究意义

人的生存价值观作为深层次的动因可以表现在生活的各个层面和角度，居住生活作为

❶ 贺雪峰.农民价值的类型及相互关系 [EB/OL].2008-06-03.http://www.snzg.cn/article/2008/0603/article_1065s.html。

其中之一，必将全面完整地表现出这种价值观念。在建筑学领域，运用这种"生存价值观"可以分析并解释民居的各种现象和问题。

古往今来，民居建筑都非常重视庇护和安全的功能，通过各种技术措施趋利避害，减少外界影响，创造舒适的居住小环境，在居住层面满足了"基础性层面价值"。这种生存价值是人们生命生存和延续的必要条件，在此基础上追求更为舒适的条件，开展生产活动。

当财富积累到一定程度，"人的社会层面价值需求"在居住方面表现为希望通过自己居住的房子得到大家的承认，体现社会地位。例如，改革开放后的十几年来，很多乡村住宅相互攀比房屋的间数，房屋的高度，建筑装饰材料的豪华程度，从某种意义上看就是"人的社会层面价值需求"在起作用。

当代社会，快速发展的经济，信息的单向不对称传播，使得"城市性"因素进入农村，正在改变农民的价值观，重建了农民行动的结构性条件，导致中国农村出现前所未有的各种变化。价值观变化也反映在居住建筑上，就是上述各种普遍存在的问题，由此农村面貌正在发生不可逆转的变化。

随着乡村社会生活的急速变化，过去那些不必问，事实上也很少问的习惯出现了问题，被习惯和传统所掩藏的内在理由显露出问题。在传统的、封闭的乡村社会中，由于来自外界的影响较少，人们往往依据传统的习惯和风俗，即使不进行过多的思考，民居建筑也很好地解决了各种问题与矛盾，做到了相对的生态和谐。

本书借用价值观的层次性理论，分析农民对居住问题的判断和行为的原因，思考深层次研究民居问题。

农民的价值体系相对马斯洛需求层次理论而言，更能直接地解释中国乡村民居问题。

5）西北地区农民的生存价值

西北地区历史悠久，社会发展相对缓慢，社会生活封闭稳定，受到外界的影响和冲突较小。这样，农民的生存价值比较稳定，更具备普遍性和一致性。

但是，不可否认的是，随着经济的开放和城市化进程，新的生活方式影响了传统价值观，进入过渡交错时代。旧的还没有来得及去掉而新的又大量涌现，新旧观念同时作用，反映在日常生活中就是现代化的器具与传统生活习惯共存的奇怪现象。尤其是，乡村居住建筑普遍地西化、洋化、城市化，全面地推倒旧建筑，建设新的、洋的、城市性的建筑。

社会调查也证明了上述推论。社会层面的价值也往往超越基本的价值需求，成为决定建筑深层次因素。比如，在经济、需求并不急迫的情形下对建筑形态、风格、装饰的过度追求，目的就是提前满足社会价值，得到大家的承认。

还有就是，忽视动机与实际需求之间的差异。就动机而言，脱离了实际需求，到底是什么价值观在起作用？应该是希望得到社会认可、洋气的心理。按理说，应该先现满足使用的要求，其次再考虑形式问题。

另外，乡村居民在某些事情上偏爱凑合迁就，致使建筑安全性和便利性方面出现性能缺陷。如，建设环节中的偷工减料，使用过程中损坏不及时修复，对于室内温度和洁净度没有具体要求等，具有更多的不确定性与可变性。

6）实例调研中的发现

在碱富桥村某次考察中的发现也证明了价值观对建筑环境所具有的重要作用。简单来说，调查样本的回民家庭与汉民家庭，虽然居住的都是生土结构住房，但生活环境却存在着截然不同。回民民居建筑往往被维护得很好，出现的问题能够做到及时维修；院落布局分明，环境整洁；室内窗明几净，空气新鲜，秩序井然，给人传递出积极乐观的生活态度和向上的价值观。作为对比的汉族民居普遍而言，建筑得不到及时有效的维护；院落缺少必要的布局，或者说使用中布局混乱，人畜区域不分，环境肮脏，粪便满地；室内光线昏暗，空气污浊，生活物品随意堆放，混乱无序。传递出生活态度和价值观的不同。通过询问，两类人家似乎对自己现在的生活环境质量都十分满意，而且并不互相羡慕和认同。原因可能是各自对于理想生活模式与目标存在着根本差异。回民由于受到宗教的作用，对生活、环境有着更高的要求。从研究的角度看，尽管当地回汉民居在物质和空间方面的差异性小到几乎可以忽略的程度，但实际的精神生活和环境水平却存在着巨大的鸿沟。因此，可以作出这样的判断，决定生活质量的不仅仅是物质层面的东西，精神与价值层面的作用或许更为强烈。究其原因应该是对居住质量的要求不同。这一点从根本上决定了民居建筑的多样性，包括形式、内容、具体的物理环境指标、卫生条件等。

6.1.2 西北荒漠化地区民居内部因素的排序

在前文论述基础上，从西北荒漠化乡村地区特殊的自然与社会条件出发，结合民居建筑演变中存在的问题，提出西北荒漠化地区当前乡村民居建筑生态化发展过程所应具备的内部因素和性能依次为：安全性→便利性→舒适性→经济性→社会（文化）性。

这一顺序决定了当前和今后乡村民居建筑研究中的重点和发展路径，也就是说，乡村民居需要着重从这些方面着力提高建筑性能以满足人们的实际需求，才是符合生态建筑本质含义的技术路线。

在具体实践过程中，由于西北荒漠化乡村地区民居存在问题的类型与数量多，并且问题与矛盾往往相互交织在一起，难以理出头绪，导致工作效率很低，有时解决了甲问题，却带来新的乙问题。譬如，出于便利性需要，在农村住宅改造中简单地用水厕代替旱厕，却造成污水无法处理排放，只能在建筑周边蓄积起来，不但带来更大的环境不适性，而且存在着建筑安全的隐患。再比如，很多地方政府或个人出于美观、时尚的需求，抛弃了乡村成熟的建筑技术，追求所谓新颖、现代的建筑造型，使用老百姓不熟悉的结构形式和构造做法，建筑安全质量存在隐患。所以，客观地说，乡村民居演变中的那些人为因素基本上都不关心诸如安全、便利和舒适等内容在内的基本居住问题，取而代之的多数只关心建筑的社会文化属性，即现代建筑风格的引入与传统建筑造型的延续等表面现象。这或许才是民居演变过程中问题的直接原因。

因此，要想解决西北荒漠化乡村民居问题，必须客观地分析和认识民居问题的类型与主次排序。

6.1.3　西北荒漠化地区民居内部因素的趋同性

尽管包括安全性、便利性、舒适性等方面在内的民居建筑性能存在着各种各样的区别，并且不同人、不同时代对其要求也是不一样的，但是若将其放到更大的时空环境中看，这些其差异性小到几乎可以忽略，可以被认为是一个常量、恒值，例如人体对热舒适范围基本是趋同的。因此，这些因素对居住建筑研究和设计而言都是应该达到和具备的基本目标，在总体上具有趋同性和一致性特征。

例如，不管城市还是乡村居住建筑，都需要满足最起码的安全性指标，能够抵御地震等自然灾害；基本的生活内容也是趋同的，在里面发生的行为无外乎就是吃饭、睡觉、学习、娱乐等，只是在具体表现形式、建筑面积、造型或其他方面存在有些许区别而已；在经济方面也都需要结合自己的收入情况作出合理的判断和选择，等等。再比如，不管在寒冷还是严寒、炎热地区，人们对基本热舒适环境标准的要求基本是一致的，区别仅仅在于实现舒适环境的技术手段不同。

6.2　西北荒漠化地区民居模式的外部因素

前文已述，从人的生理心理需求出发，无论何地、何时，建筑都应当最大可能地满足，这是建筑内部因素的趋同性和同一性所致。但是，建筑又不是一个孤立于环境之外而存在的事物，必须出外界环境条件出发。也就是说，外部环境条件是建筑存在的基础和条件，也是建筑在统一性目标基础上多样化形式的原因。

6.2.1　建筑研究中的外部因素决定理论建构

1. 社会经济发展领域 3E 系统简介

本书借鉴经济学领域内的"3E 系统概念" ❶ 的基本原理来研究民居建筑的发展与外界的关系问题。主要原因在于：建筑具有技术科学特征，需要符合自然科学规律和人的具体生理温湿度要求，这就要求它处理好与自然环境问题，也就是能源问题；同时作为社会经

---

❶ 邓玉勇，杜铭华，雷仲敏. 基于能源—经济—环境系统的模型方法研究综述 [J]. 甘肃社会科学，2006（3）：209-212。

济现象,建筑也需要符合更高层级的经济规律。这样看来,建筑与 3E 系统之间就有了契合点,可以利用有关规律来研究建筑问题。

1）3E 系统概述

3E 指三个英文单词的词头，分别是能源（Energy）、经济（Economy）和环境（Environment）。

3E 系统概念最先出现于经济学领域，主要指为实现社会发展系统中能源、经济、环境三个子系统之间综合平衡与协调发展，对各子系统之间交互作用程度的研究。"3E 系统之间在发展演化过程中彼此和谐共生，具有合作、互补、同步等多种关联关系，体现了复合系统有序的结构与状态。"❶

3E 系统概念是在可持续发展的时代背景下提出的，主要针对过去二元割裂的处理能源—经济、能源—环境、经济—环境问题的弊端，强调社会发展中能源与经济和环境之间存在着全面、深入、系统的相互影响和内在关系❷。研究发现，如果不把环境作为一个重要因素引入能源和经济二元体系研究，或者不把能源作为一个重要因素引入经济和环境二元体系研究，都很难开展更加全面、深入、系统的研究工作。

在此之前的经济学理论，无论是古典经济学还是新古典经济学，它们只关注经济活动的两端"生产和消费"。随着社会发展进入到 20 世纪后半叶，人类面临着更为复杂的问题，特别是资源与环境问题，人类所面临的已不再是过去所研究的狭义的经济系统，而是一个复杂的涉及领域较多的经济系统，即生态经济系统❸。

2）3E 系统组成

对社会发展而言，能源、经济和环境是密切相关、互相影响的，如图 6-3 所示，经济是环境的主导，能源是经济发展的物质基础，环境是经济、社会发展的物质条件。

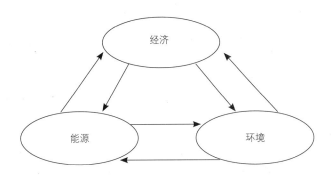

图 6-3　能源、经济与环境 3E 关系图

❶　GURKAN SELCUK KUMBAROGLU. Environmental Taxation and Economic Effects: A Computable General Equilibrium Analysis for Turkey [J]. Journal of Policy Modeling，2003（8）795-810.

❷　张彬，左晖 . 能源持续利用、环境治理和内生经济增长 [J]. 中国人口·资源与环境，2007，17（5）: 27-32。

❸　高昆谊 . 3E 系统理论与云南生态农业可持续发展 [J]. 安徽农业科学，2008，36（22）: 9765-9767。

（1）经济（Economy）

在 3E 系统中，经济是环境的主导，在不断消耗资源的前提下，不仅要注重数量的增长，更要注重质量的增长，实现可持续发展。

（2）能源（Energy）

能源是人类生存和社会经济发展的基础。当前，人类利用的大部分能源是不可再生的，对如何有效地生产和使用能源，保证经济的可持续发展和人类生存环境的不断改善，是目前世界各国决策者和研究者共同关心的热门话题。

（3）环境（Environment）

环境是经济、社会发展的物质基础和条件。随着经济持续发展，全球环境与发展问题的日益突出，环境保护压力日益增加，经济增长与资源环境关系问题日益成为热点问题。

在能源经济学、环境经济学等领域内，主要是从以经济手段制约能源使用以达到环境保护目的展开对能源—经济—环境 (3E) 系统综合平衡研究的。关于 3E 研究主要集中于模型构建上展开对能源—经济—环境 (3E) 系统综合平衡研究的，比较广泛的模型有 MARKAL 模型、多目标规划模型、CGE 模型、投入产出模型等❶。

国外最早是从以经济手段制约能源使用以达到环境保护目的展开对能源—经济—环境 (3E) 系统综合平衡研究的。为了对能源生产和消费过程中资源浪费、环境污染情况进行有效的测算，从而给能源战略调整和政策制定提供相对可靠的依据，国内外的研究者对能源—经济—环境 (3E) 系统的研究主要集中在能源—经济—环境 (3E) 模型的建立上。

3）3E 系统理论作用

经济与环境的协调发展能保护环境，实现资源的合理、持续利用。而与环境不协调的经济发展，将导致资源和环境的破坏。能源、经济和环境问题能否紧密地耦合在一起也就成为了经济发展面临的主要问题，也包括城市与建筑发展。

3E 系统概念起初常被用于评价宏观层面能源、经济和环境之间的关系问题，在社会发展或经济领域只有同时注意处理三者之间的协调关系，才能做到可持续的发展。

2. 建筑研究中的 3E 决定理论建构

3E 理论是决定建筑发展的外部因素和条件，它强调的是建筑与外部经济环境、生态环境及能源之间的协调关系。

从本体角度看，安全性、便利性、舒适性、先进性等是建筑的内部因素，更多地具有自然科学属性和特征。对任何一类建筑、任何一座建筑而言，这些性能都是必须要达到的，否则就无法称之为合格的建筑。一般地，根据常识和生活经验，可以容易地判断出这些性能差，因为仅仅通过结构分析、行为调查研究、物理环境测试等手段就可以了。

❶ 邓玉勇，杜铭华，雷仲敏．基于能源—经济—环境 (3E) 系统的模型方法研究综述 [J]. 甘肃社会科学，2006（3）: 209-212。

但问题是：如何判断这些建筑的性能就是理想的、先进的、符合社会发展需要的呢？难道仅仅通过技术手段测试、分析和计算，并且指标越高就越好吗？答案似乎是否定的。于是，本书提出下一个论题，即什么因素、哪些因素决定了建筑本体的这些基本性能？仅仅是出于人的喜好就可以决定的了吗？

根据环境决定论的基本原理，认为建筑除了由使用者需求出发决定的本体论控制外，还应由外部的自然、经济、社会条件决定。也就是说，建筑是由外部因素和内部因素共同作用的结果，并且外部因素还是内部特征的原因。于是，需要在外部条件中探寻并分析诸要素的关系和影响程度，作出排序，并考虑各种情况下的不同组合关系，如图 6-4 所示。

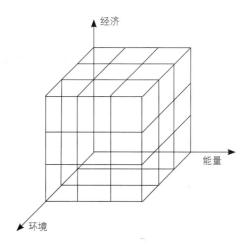

图 6-4　民居建筑需要在外部因素构成的空间中定位

6.2.2　3E 系统原理对民居建筑研究的意义

作为社会发展组成部分之一，建筑物满足了人们居住的生理需求，其发展过程中也同能源、经济、环境之间存在着关联问题。因此，其需求、生产、消费等环节也需要合理地处理能源、经济与环境的协调问题。

根据 3E 系统理论原理，在宏观领域内，建筑行业作为重要的产业构成，势必涉及能源问题、经济问题和环境问题，与国民经济的整体息息相关。从行业角度看，不但要从技术角度审视合理性、先进性，而且更要注意其与能源、经济和环境之间的协调关系。关于这一问题，更多地应该从经济学角度研究，似乎不是建筑学学科的研究领域。但是，在可持续发展战略目标指引下，建筑设计理论与实践活动也应该具有一定的原则和框架指引，以便使之符合大的时代背景要求。

事实上，作为个体的建筑物或者一种特定类型建筑，它的设计、建造和使用过程也始终需要处理个体环境、能源与经济发生各种联系，无论人们是否关注。也就是说，建筑物的设计、建造和使用也需要从社会发展的高度，妥善处理上述的关系。只有这样，建筑才能既满足个体的使用要求，又符合社会需要。

过去，建筑学的研究常常孤立地将建筑看作是个体事件、人的本能行为，往往就事论事，强调建筑的本体自然属性，例如便利性、安全性、先进性等，忽视了建筑除了满足自身需求外还具有的社会属性和责任；或者将建筑分别与这三者之一联系起来看，比如建筑与能源、建筑与环境、建筑与经济问题，很少将它与这三者同时结合起来分析。由于视角和研究方法的局限性，必然导致很多问题，比如建筑的能耗问题、环境问题、经济浪费等。从严格意义上看，这些问题如果仅仅从建筑自身角度，从建筑使用者角度来看，无法质疑它的缺陷，但是从外部因素、外部条件来看，这些问题是无法容忍的。

在此观念指引下，解决这些问题似乎也很容易，但往往是解决了一个问题，又出现了另一个新问题，缺乏整体性和系统性。

借用 3E 理论研究建筑，可以将建筑活动纳入到与能源、经济与环境形成的系统之中，不但要考虑建筑的使用功能的满足，更要注意其生产、使用、消费和终结等环节中与环境、能源及经济三个要素的关系，实现可持续的物质与经济再生产。

6.2.3　荒漠化地区建筑设计外部条件的选择

关于西北荒漠化地区的具体自然和社会条件，在本书第三章已经有详细叙述与分析，在本节中，着重讨论基于 3E 理论，如何对这些影响民居建筑的条件作选择与分析。

根据前文分析，除去人对建筑的内部要求之外，本书将自然系统与建筑的作用，社会系统与建筑的作用等两个方面的组合成为决定建筑的外部条件，相对建筑内部条件而独立存在，这样建筑就是内部因素和外部条件共同作用的结果。

一般而言，自然系统对建筑的作用包括：地理、气候、土壤条件、空气、生物、能源、建筑材料等；社会系统对建筑的作用包括：人的社会关系、生产力水平、经济状况、文化、民族、宗教等。借用统计学的概念，这些都可以统称为变量。其中，有的变量对建筑形态及其发展作用是决定性的，例如气候条件、材料供给能力、经济；有些变量的作用很小，例如民族、宗教、文化等。例如，前文举过的例子，在银川地区和云南怒江流域，虽然都有多个民族聚居，多种宗教文化影响，但是其民居从模式关系上看是相同的，差异性仅在局部装饰纹样等方面。

1.（自然）环境要素

前文指出，人生存于由大气圈、水圈、岩石圈和生物圈等子系统构成的自然环境系统之中。自然环境的各个子系统自身千变万化，再加上子系统的不同组合，因此自然环境是十分丰富和复杂的，既有适于人类生存的环境，也有不利生存的环境。比如，有的冬季严寒，有的夏季酷暑；有些干旱少雨，有些雨水充沛；有些物产丰富，有些物产贫瘠。

　　自然环境是一切生物体生存与人类社会经济发展的物质基础和条件。作为生物体，人类为了生存需要不间断地同外界发生物质交换和能量转移，这全依赖于自然环境的供给和消解，衣食住行所需的各种资源直接或间接地都与环境有着密切联系。根据环境决定论的有关理论，自然环境决定性地影响了生物体的各种特征，包括人的生理特征、心理特征和行为特征等，具体此处省略。建筑作为庇护于自然外界环境的场所，在满足人们的生理、心理和行为需求的同时，也必将被环境所决定。由于建筑所处的环境也是从属于大的环境系统，因此它的建造、运行和终结也必然要和环境发生联系。

　　通过对环境的认识和改造，人类逐步明确了自然界的生态规律。在特定生态系统内，生物（包括动物、植物、微生物等）互相依存，并与当地的自然环境一起在物质和能量的流动过程中达到动态平衡状态。因为环境因素快速变化，或者生物体对物质与能量需求的超负荷增加，环境则可能被破坏。

　　对建筑而言，需要强调约束人类建筑行为、生活行为，它们必须在环境承载力限定之内进行。从外部自然环境条件来看，建筑也需要符合基本的自然生态规律，否则环境破坏将导致人类的居住生活所需要的物质和能量无法持续供应。也就是说，自然环境虽然决定了建筑的基本形态，但同时也要受到建筑对环境的反作用，不要超出环境承载力，对环境造成不可修复的破坏。

　　2.（社会）经济要素

　　"人类发展史就是一部认识自然、改造自然的历史"。伴随着认识和改造自然的进程，生产方式改进，生产力水平提高和进步，总体而言社会经济状况改善。对社会和具体个人而言，虽然收入不断提高是一种常态，但经济因素始终是制约社会生产、人们生活的最重要的原因，用俗话说就是始终处于"缺钱"的状态。

　　建筑物作为"庇护"的场所，是人类生存、生活的需求，建造它需要消耗个人、家庭、社会的财富，是要花钱的。最初的建筑雏形可能是由建筑使用者自己搭建的，就地取材，仅需要消耗一些材料和体力即可，无所谓经济问题。随着劳动分工和生产力提高，同时人们对居住生活的性能要求也提高了，再通过就地取材、自己动手建造的方式恐怕无法满足需求，这就需要通过商品交换，通过市场行为，借助外界资源的形式予以解决。建造房屋所需的建筑材料和劳动力，部分或者全部需要通过市场行为来实现，这就需要房屋的未来使用者支付费用，因此建筑也就带有了经济问题。

　　从经济学角度看，房屋建设属固定资产投资，建造它需要一定的经济实力，当然同时也需要考虑投入资金的回报问题，即效益分析。经济方面的考虑无论对于个人、家庭还是社会都是普遍适用的；无论对于发达地区，还是落后地区都同样存在且起作用的。基于常识，可以肯定地说，对于那些没有任何经济学知识的落后山区农民而言，他也知道只有攒够了足够的钱才能盖房子，并且房子的质量、面积和等级等一定要和投入的资金对应，否则他在经济上无法负担或者在功能上不符合他的需要。也就是说，经济问题是除了人的基本生理和心理需求之外，对建筑的质量、规模、等级等具有重要影响力的外部决定性要素。

本书谈论的经济要素，更多地侧重于社会经济发展水平。就一个时期而言，个人和家庭的经济力量尽管千差万别，但都受到社会发展水平的制约和限制，带有一致性和时代特色，受个人因素影响的程度反而较少。

对于量大面广的乡村居住建筑，从某种意义上说，社会经济因素决定了它的基本性能及其之外的扩展，比如安全、舒适、美观、文化性等。因为仅仅满足人的基本需求，在技术、经济和环境上都是比较容易实现，也是必须实现的，无所谓经济条件限制与否。除此之外，其他需求强烈地受到经济因素的限制，而经济要素更多地反映了社会条件，并不是由建筑使用者能够决定的因素。因此，将经济因素作为确定建筑的外部条件之一。

3. 能源要素

由于能源对人类生存和社会经济发展的作用十分重大，所以将其单独列出予以研究。

严格意义上说，能源因素也是自然环境的组成部分。能源的物质来源与消耗最终都归于自然环境。一方面，作为常见能源，如煤炭、石油、核能等都是地球自然环境的组成部分，而这些能源的储量是有限的、不可再生的、珍贵的。另一方面，人类作为自然环境系统中重要的组成生物，在物种生存、物质生产、社会运行等方面都需要消耗能源。没有能源、不消耗能源人类社会是无法维持下去的。

在社会经济领域，能源因素始终是经济发展必须考虑的基本要素之一，社会经济的发展可以说是由能源消耗来推动的。建筑、交通、制造业、服务业等行业无不是通过消耗能源来发展的，区别仅仅在于能源消耗量与经济收益、环境效应之间的比例关系和组成不同。

对于建筑而言，能源也是维持建筑正常使用条件下十分重要的基础条件。各类建筑的建造、使用、终结等过程都需要消耗一定数量的能源以满足使用者的生理和使用功能的不同要求。这种现实是无法回避的，也是无法消除的。建筑使用环节的能源消耗大致包括了采暖、空调、通风、照明、机械动力等用能内容。建筑在设计建成投入使用的同时，其能耗水平就已经被确定了，成为建筑的基本性能指标之一。

此外，能源在建筑中的使用更多地受到社会能源状况的限制。比如能源种类、供应状况与价格等因素的限制，是复杂的条件组合，建筑设计过程要予以综合考虑，不能突破能源状况的限制和约束。考虑到能源状况，在建筑设计研究方面既要改善人们居住生活质量，更要提高能源使用的效率，同时还需要妥善处理能源使用中的环境问题。

过去，我国西北地区农村经济发展水平低下，商品能源供应差，但是大量存在的传统生态建筑，居住质量虽然不高，建筑大量使用低品位生物质能，能耗水平总体较低，对商品能的依赖程度较弱。近几十年来，由于经济发展，乡村居住建筑形态正在发生根本变革、能源种类与用能形式发生了变化。大量新建的"新住宅"缺乏气候适应性考虑，煤炭、石油、天然气等商品能的使用，导致农村居住建筑能源使用量大增，超出能源供应水平，同时也带来了潜在的环境危机和经济压力。因此，从外部条件看不允许建筑用能数量及形式的大量增加和无序变化。

据统计，建筑耗能约占全部总能耗的 20% ~ 30%❶，所占比例十分巨大。因此，在此基础上，建筑设计既有可能节约能源使用量，也有可能造成使用量的增加，还可以变换能源种类和使用形式，但无论怎样都具有巨大的潜力，需要全面统筹考虑。在能源使用方面，如果建筑不考虑能源储量和供给状况，则极有可能造成巨大的生态灾难。

因此，能源问题从建筑自身的问题变成了社会外部条件对建筑提出的要求。

4. 其他因素

根据本书的理论基础——环境决定论，可知环境决定了包括从动植物种类、人的性格特征、文化习俗、宗教信仰等一切自然事物和社会现象，而民族、宗教、习俗、文化等要素相对于自然环境以及由它直接决定的能源、经济而言，关系较为疏远。

由于自然决定论的影响，一个地区形成了相对独立、稳定的系统，原发性的不同事物之间存在着内在联系和必然性，都带有自然环境的痕迹。这样，这些事物对建筑的影响从根本上看是一回事，作用力是一致的。原发性的地区文化、宗教、习俗等事实上反映了人们对自然环境的态度，也是自然环境长期作用的结果，两者之间具有相互依赖和协调性。它们对建筑的影响其实还是环境的影响。

但是，那些从外界移入、侵入的事物和观点，对建筑发展却有着巨大的、不同方向的影响，就像外来生物体对原有生态系统的平衡一样影响巨大。这些外来的事物观念大致包括了宗教信仰传入、流行文化的传入、生活方式的外来性变化、新材料的引入等一切非本地原产物。从本质上看，外来事物对建筑的影响首先是对人的心理产生作用，间接地通过人的行为活动在建筑上表现出来。这些外来事物产生发展的基础与当地事物不同，精神层面的东西还不受迁入地环境的制约，所以作用在建筑上的结果或许就能改变原有的发展轨迹和方向，例如建筑形式、材料、风格的无序变化等。

一般情况下，上述这些因素对建筑的影响相对较弱，不足以从根本上改变建筑的形态。无法否认，宗教文化、民居等因素会对建筑产生一定的作用，但总体而言其影响程度相对是次要的、局部的，多为造型装饰方面的内容，它们对建筑所起的作用可以认为是在地区建筑模式基础上的多样性变化。

例如，西北荒漠化地区有多个民族长期居住，尽管生活习惯、宗教信仰等各不相同，建筑经过长期的演变、进化与发展，从形态角度看居住建筑具有一致性。经过考察，这种一致性除了满足人们的生存需求外，更多地反映了建筑与自然的关系，包括建筑与环境、

---

❶ 清华大学建筑节能研究中心 .2009 中国建筑节能年度发展研究报告 [M]. 北京: 中国建筑工业出版社，2009: 1.

建筑与能源、建筑与经济的关系。由于自然决定论的影响，同一地区的不同民族的生活习惯、谋生手段、应对自然的生存方式，甚至包括审美情趣等都具有相似性。当然，受到从外界移植进来的宗教信仰等因素的作用，在建筑上也还是可以找到一些痕迹，比如窗户图案、墙面装饰等。如图 6-5 所示，银川塔桥回民新建住宅，民族因素仅体现在装饰性线条、纹样上面。同样的现象也可以在西北青藏高原地区发现。

图 6-5　银川新建的回民住宅装饰上的变化

来源：课题组提供

总体而言，无论在各类气候区、还是在人类发展的不同阶段，为了维持人的生存需要，建筑运行都需要处理和协调好与自然环境、消耗能源、经济投入的关系，离开这些要素，建筑是难以存在的。因此，由能源、环境和经济这三者构成建筑外部条件中的制约性要素。

6.3　西北荒漠化地区乡村民居设计的理论模式建构

6.3.1　生态民居模式理论关系图示

系统论认为，世界上任何事物都可以看成是一个系统，因此系统是广泛存在的，系统的类型也是多样的。建筑理论作为抽象的事物，所涉及的因素和条件众多，它们应当也可以用系统轮的方法研究相互间的作用关系。

根据系统论的基本原理，任何一个系统都有它的内在组成元素、结构和功能，并且元素相互间的作用关系可以通过数学模型的方法描述出来。系统具有整体性、关联性、等级性、动态平衡性、时序性等基本特征。

系统论的基本方法是将研究对象当作一个系统，以分析其结构和功能、要素、环境几者的相互关系及变动的规律性。

1. 过去的建筑理论模式

以系统论的观点看，现代功能主义建筑理论也是一个系统。主要解决了建筑使用功能和人的行为需求之间的困难，以及如何克服自然环境的束缚方面。应用在乡村民居建筑实践时的主要缺陷在于，更多地强调建筑内部要素——需求的满足，忽视了外部条件（环境、经济与能源）和外围因素（总价、文化、技术等）对建筑的作用和影响，以及相互之间的平衡关系，多孤立地看待建筑问题，才导致新建民居建筑与环境之间的种种冲突。其结构关系如图6-6所示。

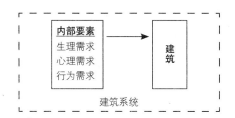

图 6-6　民居建筑系统的构成与制约因素模式分析

2. 民居生态建筑理论模式的系统性

借助系统理论方法研究民居建筑问题，才能整体地考虑所有有关条件的作用及其程度。如果将建筑形成的因素看作是一个完整的、封闭的系统，则主要包括了两个层面：建筑本体方面和外来因素。

从建筑本体方面看，人的生理心理需求和生活行为决定了建筑的基本属性，这是建筑的内部因素，对此的研究主要就是针对人的研究；环境、能源与经济对建筑的要求是建筑存在的外部条件。任何建筑实体都是内部与外部条件碰撞的结果，建筑实现了内外的统一。这两者形成了建筑系统，同时具备了系统的一般特性，即整体性和动态平衡特征。

除此之外，在建筑系统之外，那些外围的与建筑形成没有必然关联的事物，包括宗教、文化、技术等也会对建筑系统产生作用和影响，但当时其作用过程类似于病毒、细菌对人体的作用一样，必然受到人的免疫系统抵御，一般也只能作用在建筑实体上面，再间接地反映到人的主观需求层面，如图6-7所示。也就是说，建筑是在这三股力量的综合作用下形成和发展的，那么建筑的未来发展也一定需要在此观念的指引下去把握。

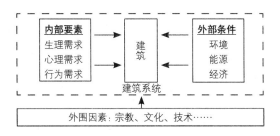

图 6-7　民居建筑系统的构成与制约因素模式分析

3. 系统的层级

从内部因素角度看，建筑当然首先需要最大限度地满足人的生理需求、心理需求和行为需求，这是建筑得以存在的根本前提。具体而言就是舒适性、方便性、安全性等方面的性能，并且指标越高越好，因为人们对美好生活的追求和向往始终是社会发展的基本动力。

从外部条件角度看，人们欲望的满足还受到诸如环境、能源与经济等外部条件的制约，而这些条件在特定时间和地点的条件下是一个常量，资源终归是有限的，因此不能脱离开这些外部条件的限制去畅想人类需求的最大满足，这样就会出现环境、能源和经济问题。

只有当内部因素与外部条件同时作用，即耦合时，建筑才是符合人的需要、发展需要、环境需要、社会需要等，才是健康的、正常的。这是一个普遍性的原则和规律。

任何建筑的发展都可以从这三个原则出发，进行分析判断其合理性，强调在三者间平衡地发展，即要同时关注经济、能源与环境问题。它们是判断与选择设计和实务的平衡点。可以建立分别以这 3E 为轴的空间坐标系，这样在任何地区任何一个建筑都可以在这样的坐标空间里面找到位置，当然出发点、立足点不同，所持有的观念不同，位置是不一样的。

4. 构成的可能性

众所周知，建筑生来就与"地点"的特性有着密切的关联，而不同地点又是由十分具体的环境状况、经济发展、能源储备等组成，相互间存在着千差万别。有的地方三方面的条件都十分理想，受到的约束少且限定宽松，这样民居建筑的冗余很大，有充足的空间作各种选择与尝试。见图 6-8（a）所示。在有些地方，一个因素或两个因素，甚至三个因素条件都不好，这样模式关系就变成了二维，甚至一维，相应的选择与灵活性逐渐降低，受到的限制逐渐加大。

例如，地处荒漠化边缘外围的关中平原地区，自然条件好，气候温和，经济发达，能源供应等各方面条件均较好。对于乡村民居而言面临的环境压力小，并且有能力承担较高的经济成本、生态成本和能源消耗，因此在建筑形态和技术类型选择上就有较大的三维变化范围，也就是说其生态建筑具有更多样的可能性。

作为对比，银川平原地区，冬季气候严寒，常年风沙较大，经济发展较落后，但是能源条件良好（包括常规化石能源与可再生能源方面），因此这里的乡村民居的理论模式简化成为自然环境与经济构成的二维空间，如图 6-8（b）所示。

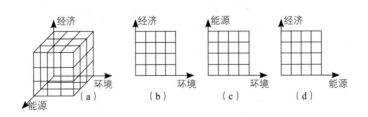

图 6-8　模式构成关系在不同条件下的变化

6.3.2　荒漠化地区模式变化的可能性

西北荒漠化蕴含丰富的煤炭、石油与风能、太阳能各类资源形态，因而社会经济发展的滞后性和自然环境条件的脆弱性对建筑而言所占的权重要大得多，因此在乡村民居设计中应注重环境因素、经济因素权重的把握，注意环境与经济对建筑的影响和作用。对西北地区民居而言，这是符合实际情况的。

"人类的需要永无止境，受到的实际约束主要就是货币购买力"，即经济能力。可见，经济问题决定了需求满足的程度❶。

这样一来，西北荒漠化地区建筑与外界环境条件的关系就可以简化为在环境与经济因子形成的二维坐标空间中寻求理想居住空间的目标，如图 6-9 所示。而根据一般的常识，可以判断随着环境效益的提高，经济成本必然增加，至于之间的关系不作深入讨论。因此，这就决定了该地区民居建筑设计中也需要考虑建筑的经济与环境的关系。事实上，经常出现两者之间的矛盾关系，致使多数情况下过分看重经济利益而忽视环境效应，也就是说由经济环境决定了事物的发展方向和道路。建筑在实现基本功能的条件下，实际上是在环境和经济二维坐标空间中寻求合适的位置，简言之就是在环境和经济之间探索新的平衡点，寻求新的技术组合。最佳的组合自然是充分适应环境，对环境的副作用最小，经济效益最高的方案。

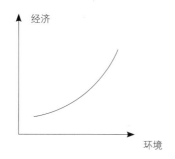

图 6-9　建筑的环境与经济性的曲线关系模式

6.4　西北荒漠化地区民居生态建筑模式的关系组合

一般情况下，社会发展往往都受到来自于内部自身规律和外部经济与生态规律的控制。建筑作为社会发展的重要组成部分，也无法逃脱这一规律。

当前的主要矛盾是：日益提高的居住需求与有限（脆弱）生态环境之间的矛盾，理论与方法上的缺陷在于，已经掌握了传统民居的生态建筑经验和最新的生态建筑技术，但缺

---

❶　周其仁.通货膨胀与农民 [EB/OL]. http://zhouqiren.blog.sohu.com/164673934.html。

乏结合西北乡村现代需求的建筑模式。因此从以下方面探讨建筑模式是可行的。

在西北乡村地区，人们传统的生活态度、认知方式与价值观相互作用，使得一个地区的民居建筑呈现出惊人的相似性特征。这种相似性是基于类似的人的性格、自然条件、地理气候、经济水平、技术条件等，在此基础上在建设实践活动中反复强化，结合人们的习惯不断总结调整，最终形成一套完善的、内在的制约协调机制，即建筑模式。最终形成的这种机制有其内在规律性和客观性。

因此，乡村生态民居模式研究离不开对建筑使用者、自然环境条件、经济条件、技术水平、风俗条件、管理协调机制等因素的规律性研究。

一方面，西北荒漠化地区乡村民居建设受经济、技术、管理因素的制约，不可能实行城市那样的专业分工，还必须长期延续自建形式。这样，在新时期条件下如何科学有效地提高居住建筑质量是值得研究的问题。只有那些符合社会经济、物质条件的研究成果才能真正被人们接受。

另一方面，由于西北荒漠化地区乡村民居建设量大面广，具体情况千差万别，建设使用者差异巨大，要想制定出一种放之四海皆准的建筑方案是不现实的，但是看似巨大的鸿沟其实也有共同之处。模式研究就是探讨西北荒漠化地区民居建设中的共性问题，并总结出相应的对策和理论，指导具体的建设实践活动。

受自然决定论影响，西北荒漠化地区自然条件恶劣→生态规律的地位格外突出，西北荒漠化地区社会发展缓慢→经济规律起作用。这样，生态规律和经济规律成为民居发展形成的外部作用。

无论自身规律还是外部条件要求，最终它们都体现在具体建筑的布局、组合、材料、构造等上面，用建筑的语言来实现外部条件的要求。

这样，生态建筑模式就可以从三个各方面去展开，并在不同情况下相互组合而成：①人的行为活动规律和要求→荒漠化建筑的功能模式；②人的生理要求→室内物理环境的要求→荒漠化建筑气候应对的模式；③生态规律的要求→资源利用模式→符合环境承载力范围。

因此，荒漠化生态民居模式研究就是在这三个方面简单模式的组合，形成的复杂关系，缺一不可。西北荒漠化生态民居模式分解如图 6-10 所示。

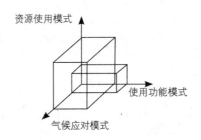

图 6-10 西北荒漠化生态民居模式分解

6.4.1　使用功能模式研究

在功能方面，民居建筑就组成内容而言，相对城市住宅内容多样、复杂化，集成了更多的行为活动，而就每项的要求而言又相对宽松。并且随着变化，难以找出确切的规律，但总的规律是分化、细化、多样化；研究与设计环节可以弱化功能，让住户自己去解决使用问题。因此，在模式设计上可以适当忽略对功能的安排，而强调建筑与环境的关系，即界面的处理，是它真正在起作用，并且一旦建成，内部、外部的形状就已经被固定下来，再调整的余地几乎没有。

典型生活方式提取：生产与生活行为混合；以生活为中心，组织庭院与室内空间，室内外作用不可忽视；厨厕的位置灵活确定；出入口靠近生产设施用房。

1. 生活生产方式是空间设计的依据

在包括对西北荒漠化地区在内的乡村居住建筑调查的过程中发现一个规律，即生产生活方式是真正决定民居建筑空间设计的依据，如图 6-11 所示。

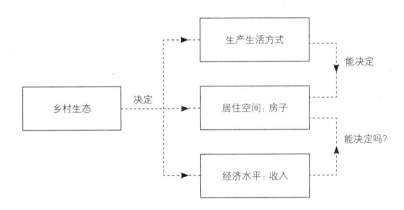

图 6-11　生产、生活、经济与建筑关系

从行为与空间关系的角度看这一问题并不难理解。一方面，不同的生活、生产方式对具体空间的需求是不一样的，因而对"生活的容器"——居住建筑的需要也各自有所侧重；另一方面，某种意义上看，经济水平又是生产方式的副产品。也就是说，生产方式分别决定了居住空间和经济水平，而这两个结果之间又没有因果关系。在这一层面看，经济水平是无法影响建筑空间模式的，只能在基本模式关系的基础之外对那些无足轻重的附属性内容产生影响，例如装饰的豪华与否，材料的先进程度，家具的风格等，无法真正影响居住建筑的本质关系。

在同一个乡村，由于绝大多数家庭都从事相近的农业生产工作，农闲之余做一些不同的工作，会有不同的收入，由此形成的差异仅仅是财富上的多少区别而已。即使是比较富裕的村主任、支书、农业专业户，他们回家也需要做些农业生产的准备工作，生产与生活是无法分割开的，住宅和普通农民的区别仅仅只停留在外表那些容易被感知的部分，例如房间数量的多寡，建筑面积的大小，1层还是2层建筑，家具是否成套，外墙是否贴了装饰性面砖，建筑材料，是否请了专业施工单位等，就空间组成模式而言几乎是一样的，而最大的区别在于外表。此外，建筑与环境的关系相同，能源使用方式相同、院落与建筑实体的关系相同。譬如，往往还是要使用外面独立的厨厕，主体建筑里面还是要堆放生产生活资料、工具，也还是要在家里掰玉米、修铁锹等工具。

而那些完全脱离农业生产的家庭，或者不依赖农业生产为生的农村家庭，譬如运输专业户、养殖专业户、建筑施工老板，已经是完全的市场经济参与者，他们的住宅和那些以农业生产为主的农民之间出现了明显的差异，更接近城市独立式住宅的模式。因为生产方式、谋生手段的区别，这些人的生产与生活行为在家庭空间中已经完全分离，这就意味着回家就是生活，就是休息。

客观地说，虽然经济收入水平与居住建筑模式没有必然联系，但是随着经济投资的增加却可以提高建筑材料、设备等方面的质量状况，同时也意味着可以影响民居生态化发展的具体操作形式。例如，经济收入水平的高低决定了是否有能力采用先进的生态建筑技术、先进材料等，而这些与生态建筑的性能是有关系的，即经济收入水平影响了民居生态建筑的不同表达形式，成为生态建筑多样化的前提条件之一。

2. 院落与实体建筑共同协调工作

调查和理论研究表明，乡村民居中的院落和建筑实体是保证民居功能正常发挥的必不可少的组成要素。许多活动要在庭院中进行，例如储藏、堆放、停车、加工、晾晒……；有些需要在室内进行，例如吃饭、睡觉；有些需要两者共同作用才能顺利完成，比如灶房、卫生间常常在庭院中独立设置，与日常居住活动的房间分开。在民居室内发生的这些行为本质上与城市生活是没有区别的，是接近的。城乡区别在于对庭院空间的需求与利用，城市由于多数人从事二、三产业，回家就是"度假的开始"，往往不需要在家庭中从事生产性活动，即使偶尔发生，它们对空间的需要也完全可以在室内进行，需要的或许仅仅只是一张桌子而已。而农村的许多活动需要很大的室外空间才能完成。这就决定了乡村民居建筑实体与院落空间的不可或缺性，它们是二位一体协调作用的。因此，新民居的建设也需要在提高建筑实体本身功能、性能、质量等要素的前提下，保留院落空间的存在，并发挥它的价值。

3. 必要的功能分区

乡村民居建筑内生活活动类型的多样性决定了院落和房间内复合了多种功能，这一现象既是现实条件又是可预见将来的存在形式。

结合现存问题，处理流线与分区问题需要做到生产与生活分离、人畜分开，以便减小相互干扰，提高居住生活质量，如农业机械停放、农产品加工等远离居住空间。

4. 其他问题

对于影响居住功能的厨卫空间位置问题，放在室内还是室外需要酌情确定。当有条件外排污废水或者具备有效的粪便处理措施时，将厨厕空间放到室内是比较好的选择。但是，当周边不具备市政条件，厨卫空间是否外置可以具体确定。

房间大小与面积问题。在可行的条件下，属性类似的房间其大小尽量趋同，面积就高不就低，便于使用功能的灵活调整和转换。

6.4.2　气候应对模式研究

在气候方面，西北荒漠化地区多数地区属严寒、寒冷地区，民居面临的主要问题是冬季防寒、保暖问题，因此，在建筑设计中全面地应优先解决防寒保暖问题。这直接关系到室内舒适度和能耗问题，间接地又与环境负荷有关。因此，在模式研究中主要也考虑的是如何应对寒冷的模式。

1. 选址与平面布局防风争取日照

尽量选择地形北高南低，背风面阳的地段用于民居建设。防止冬季寒风引起散热过冷（防风），同时争取阳光照射提高得热。

主要建筑布置面朝太阳，背对冬季主导风向，再配合附属建筑或围墙等构筑物，尽量减弱冬季寒风对居住生活的不利影响。此外，在上风处还可以增设高大围墙或常青植物，以降低风速对北墙的对流散热。

2. 日照确定院落尺度

院落尺度确定方面，主要考虑冬季获取充足日照时间，配合地形坡度和围墙高度控制，减少阳光遮挡。

3. 紧凑布局，减小体形系数

建筑物体形系数：指建筑物与室外大气接触的外表面积与其所包围的体积的比值。

控制体形系数对于提高房间冬季室内采暖效果非常明显。经测算，自建民居的体形系数多为 0.8 ~ 0.9，主要是由于"一字形"民居建筑的平面布局造成的。

在相同的建筑面积条件下，采用"一字形"的平面布局虽然有利于冬季取得日照，提高室温，但是由于外表面、散热面太大的缘故，往往会同时造成失热量的增加。一方面争取了太阳辐射得热，另一方面又失去很多热量。

建议平面尽量方正，避免长条体形，北侧力求平整，减小和控制层高，在可能的情况下提高建筑的层数或者采取几户相连等措施控制体形系数。

4. 主要起居空间南向布置

为争取日照和良好的居住环境，主要起居空间均放在南向，如卧室、客厅等，次要房间北向布置，形成基本布局模式。该模式的核心是南向客厅与北向的厨卫空间，两侧根据需要，在南向添加卧室，北向增加辅助空间，见图 6-12 所示。其中，变化 1 的体形系数为 0.73 ～ 0.83。

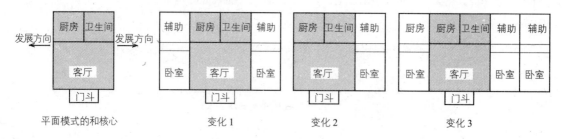

图 6-12　基本空间模式及其可能变化

5. 冷负荷大处设置气候缓冲层

在冬季冷负荷大的部位，即北侧迎风面和屋顶空间布置气候缓冲层。

在满足平面使用功能与空间组织的基础上，需要同时考虑在不利方位（多为北侧迎风面）设置气候缓冲层，减小对主要房间的影响。气候缓冲层可以作为卫生间、厨房、储藏室等功能。

在竖向方面，虽然全年降雨很少，传统民居多为平顶形态。新民居模式采用坡顶形式，一方面在雨雪季节加快雨水排放，减少渗漏，还可以通过倾斜的屋面增加阳光直射面积获得更多热量，更为重要的是可以形成吊顶空间，作为竖向的气候缓冲层，提高吊顶内表面温度和舒适性。

6. 厚重墙体

无论是传统经验还是现代建筑科学都证明了采用厚重围护结构，高蓄热系数的建材有利于提高冬季室内舒适度和降低温度波动，减小能耗水平。尤其是对于农村土地充裕的现状，厚重墙体的做法是最适合西北荒漠化地区实际需要的。

需要注意的是，出于结构抗争和安全性的需要，顶部还是希望采用轻质高效材料取代厚重材料的做法。

7. 南大北小的窗墙比

围护结构南大北小的窗墙比关系有利于最大限度地争取和利用太阳能，同时减小北向冷风渗透。由于太阳辐射强度高，从某种意义上看，在采用厚重围护结构的基础上，加大南向窗户面积相当于增加了冬季热源，当然其前提是提高窗户的气密性。南向窗墙比建议尽量接近 0.5。

8. 南向入口与阳光间门斗

如前文所述，院落出入口、主要建筑出入口均不设置于向阳避风方位，在荒漠化地区一般就是南向。一方面避免冷风渗透导致热量大量流失散热，同时阳光间可以蓄积太阳辐射热量，提高室内空气温度，还可以为冬季提供适宜的交流活动场所。

6.4.3 资源使用模式研究

从经济性和生态性基本原则出发，确定有关的资源使用模式，经济高效。既符合经济性要求，也有利于减少对环境的负面压力，符合荒漠化地区的实际条件。

1. 建材就地取材本地化

该地区蕴含丰富的地方建材，如黄土、石头等，此外还有大量的工业废弃物，如煤矸石和各种矿渣。由此制成的土坯、夯土、空心砖、粉煤灰砖等对于乡村居住建筑而言各方面的性能都是适宜的，也是最符合当地需要的，而且价格低廉。有些材料，如生土甚至还能返回自然循环系统，对环境的压力很小。

但是，在对建筑安全和性能提升有重要意义的关键部位还是鼓励使用高效工业产品，如北墙与屋顶的绝热材料并不排斥有机高分子材料。

2. 高低品位能源结合使用

提倡低品位与高品位能相结合的能源方式，既有利于提高居住质量，也有利于降低经济压力。

鼓励使用被动式太阳能与燃烧植物秸秆等地方植物性燃料用于冬季取暖用途，这是最符合地区特点的用能方式。在建筑使用过程中，多数情况下，并不需要高品位能源，或者说对于采暖而言是一种资源的浪费。具体使用形式上，提倡灶连炕的形式，提高热量利用效率，减小能源使用总量。

同时，对于炊事用、日常生活等需求并不排斥高品位能源的使用，因为提高生活质量和舒适性是生态建筑的本质。

6.5 小结

民居建筑同时受到人的主观需求和外部条件的作用。在内外矛盾冲突中确立了人、建筑、环境之间的制约关系。

用系统论的方法，建构了民居建筑生态化发展的模式理论关系，在提高居住质量的前提下，民居建筑生态化发展的根据是外部的环境、经济与能源等因素。根据条件的不同，会有不同的模式构成关系的可能。

通过对乡村居民生活方式与需求特点的分析，明确提出了荒漠化地区民居发展过程中内部因素的先后顺序为：安全性、便利性、舒适性、经济性和社会（文化）性。需要指出的是允许随不同情形作具体调整。

借鉴经济系统研究中的 3E 理论，提出民居建筑生态化发展的外部制约条件主要为：

环境、经济和能源因素及其组合。它们既是建筑生态化的原因，也决定了生态化的道路和方向。

在基本模式关系基础上，对相关功能模式、气候应对模式即资源使用模式的可能性作了一般性探讨，提出了可能的具体模式。

7.1 碱富桥生态民居示范项目介绍

改革开放以来，经济发展迅速，城市化进程正逐步加快，乡镇地区大量新建居住类建筑。这一过程中，伴随着人均建筑面积增加、建筑用能种类的变化与消耗的增加，能源与环境压力日趋严重，与此同时建筑舒适度和安全性却没有提高和改善。

针对西北荒漠化地区脆弱生态环境，在有限的经济条件下，本书通过探索地域性适宜建筑技术的应用开发和集成，在提高城镇人居环境质量与居住质量，改善公共设施水平的同时，达到节能减排，减少环境压力，生态和谐的目的，实现国家提出的"在工业化、城镇化过程中同步推进农业现代化，城乡统筹发展，消除二元差异"的发展目标。

示范项目位于宁夏回族自治区银川市掌政镇碱富桥村，项目旨在通过对宁夏银川农村居民点这一特例的研究、实践与建设，抓住西北地区民居发展中的共性和普遍性问题，引导当地农民建造新型生态型民居，促进西部地区乡村人居环境的可持续发展，从而达到改善农民生产、生活条件，构建和谐社会，建设节约型社会的目标。

示范项目通过对自然环境条件、民居建筑特色、民风习俗传承等综合认识与碱富桥村民居整体生态空间的研究，完成了新型住居的方案设计与规划构想，为银川生态示范区民居建筑的可持续发展提供理论研究与设计模式，并配合银川市掌政镇碱富桥村共同完成该项目的实施建设工作，建设成为西北荒漠化地区可持续发展村落的生态住区综合示范样板。

示范点地处内陆，自然生态条件恶劣，气候寒冷干燥，常年风沙较大，经济发展水平滞后，宗教文化复杂等，都没有超出西北荒漠化地区的特征，尤其是在气候方面，日照强烈、降水稀少、蒸发强烈、冬季严寒、夏季温和等成为典型的共性特点。乡村民居建筑方面，也需要充分反映地区自然与社会特点，因而具有共性特征。除了具有西北地区的共同特点外，因其所处的地理环境特殊，也有鲜明的个性特征。具体而言：①位于黄河冲积平原，距离黄河不足 2km，地下水位较高，且盐碱化严重——建筑要防潮、防水、防盐碱侵蚀破坏。②地表水水量季节变化大。夏季地面水充沛，池沼分布较广，空气潮湿；冬季干涸，土地裸露，空气干燥。③处于农牧业交叉地区，耕作和养殖业对民居建筑的影响需要兼顾。种植业以水稻为主，养殖业以奶牛饲养为主。④周边自然环境质量较好，地表水资源充沛，有一定的旅游资源，可以发展家庭旅游产业，改善产业结构，提升家庭经济收入。

1. 自然条件方面：气候干旱与地下水位高且盐碱化的矛盾

在技术上，不但要解决西北干旱半干旱地区居住建筑抵御冬季严寒，提高室内舒适度，节约常规能源消耗，美化居住环境，有效控制建设投资和使用成本的普遍性要求，同时还必须面对示范点地下水位高，土壤盐碱化腐蚀性强的特殊性现状条件，使得示范项目具有特殊性。

2. 经济性方面：能耗大、效率低与经济发展水平低、可用资金有限的矛盾

在经济上，一方面需要充分考虑这里经济发展水平低，农业生产为主，人均年收入约4000元的状况，优化筛选经济适宜的技术措施，有效控制造价的同时不损失居住舒适度的方案。另一方面，自发建设的住宅冬季采暖能耗大，建筑质量差，安全性难以得到保证，有限的资金得不到有效利用。

本着提高生活质量、因地制宜的原则，优先选择本地材料、本地成熟技术，在做法上进行优化集成，在提高建筑质量和居住舒适性同时，注重效率问题，发挥最佳的能源与资金效益。

3. 建筑设计方面：缺乏设计的居住建筑空间与生产生活现代化的矛盾

在示范项目居住建筑设计上，特别注意对传统生态建筑经验的继承与利用；在提升居住质量的同时，注重农业生产活动对建筑空间需求的特殊性；在资源使用上，特别注意当地富集资源的开发与利用。

示范项目主要集成了传统地方民居生态建筑经验、被动式太阳能阳光间采暖技术、非平衡式围护结构保温体系、地方建材（生土、粉煤灰蒸压砖、草板）砌体、植物秸秆建材利用技术。

4. 技术适宜性方面：较低的操作技能与成熟技术对人工要求的矛盾

在西北农村地区，长期以来由于社会经济发展较慢，教育水平较低，工人难以接受现代工业的训练和熏陶，对技术的理解与掌握不充分。操作往往还停留在较原始的水平，手工与机械、传统与现代混杂，技术体系不清楚，操作技能普遍较差。这样，对外界而言的那些成熟技术在这里也难以得到很好的运用，经常变了样，失去原来的技术指标。

示范项目正视这一矛盾，在老百姓容易掌握的通俗技术之上，考虑现有材料与技术的优化提升，从而改善技术指标，使住宅满足生态建筑的基本要求。

7.2 自然与社会发展概况

银川平原地处宁夏回族自治区北部，地势平坦开阔，土地肥沃，水利资源丰富，加之日照充足，自古以来就有"塞上江南"的美誉，是重要的农林牧渔生产区。

7.2.1 地区自然生态与社会发展

1. 自然生态条件

宁夏地处黄土高原与内蒙古高原的过渡地带，地势南高北低。从地貌类型看，南部以流水侵蚀的黄土地貌为主，中部和北部以干旱剥蚀、风蚀地貌为主。地表形态复杂多样，自然景观丰富，有山地和丘陵，有富饶辽阔的冲积平原，还有冷峻荒凉的台地和沙漠。

在我国，宁夏回族自治区的国土面积和人口都是最小的省区之一，人均国土和耕地面积也较大。截至 2008 年，国土面积 2.87 万 km^2，其中耕地面积占 1268798.6hm^2。人口617.7 万人，其中农业人口 340 万人，人均耕地面积 3.6 亩❶。

统计数据显示，宁夏地区丘陵占 38%，平原占 26.8%，山地占 15.8%，台地占 17.6%，沙漠占 1.8%。尤其需要指出的是，在靠近黄河沿岸的平原地区还有高达总面积 3.85% 的湿地，成为攸关区域生态气候环境的重要资源❷。

宁夏回族自治区深居中国内陆，其北部山区沙漠环绕，是典型的温带沙漠气候；中南部川区受黄河滋养较为湿润，适合农耕。

银川市位于宁夏北部地区，地理位置东经 106° 22′，北纬 38° 29′，海拔 1111.4m。由于地处内陆，远离海洋，形成较典型的大陆性气候，其基本特点是：冬寒长、夏热短、春暖快、秋凉早；干旱少雨，日照充足，太阳能资源较富带；蒸发强烈，风大沙多。

"塞上湖城、回族风情、西夏古都"是银川的三大特色。银川区域内的天然湖泊湿地众多，自然水面近万公顷，水质良好，历史上曾有"七十二连湖"的盛景，"塞上湖城"在西北独具特色。银川市有大量回族群众居住，比例约占总人数 1/4 强，因此在社会生活、建筑、文化等方面都带有浓郁的伊斯兰风格。民族宗教文化也主要通过纹样强烈地体现在民居建筑外表和内部装饰上面。

从大的范畴来看，银川市也属于荒漠化地区，但相较而言自然条件较好，局部气候良好。

2. 社会发展条件

1）人口

截至 2009 年末，宁夏有人口 617.69 万，是全国最小的省区，其中农业人口 340 万，占 55.02%，相对全国农村平均人口比例 54.32% 略高，其中，银川市人口约 144.68 万，汉

---

❶ 中华人民共和国国家统计局 . 中国统计年鉴 2009[M]. 北京：中国统计出版社，2009。
❷ 中华人民共和国国家统计局 . 中国统计年鉴 2009[M]. 北京：中国统计出版社，2009。

族人口居多，回族约 37.27 万人，占全市人口总数 25.76%；全市农业人口为 54.3 万人，占人口总数的 34.91%；全市人口自然增长率为 7.06‰[1]。

近 30 年来，银川农村家庭人口规模逐步减小；家庭结构模式逐渐转变为核心家庭结构为主的形式，平均每户 4.2 人。

2）经济

农村主要经济形式以传统耕作为主，主要农产品水稻、玉米、蔬菜、沙漠经济作物等；部分人口从事以奶牛、奶羊为主的养殖业。多数中青年劳力在农闲之余从事运输、建筑、打工等经营性劳动。

3）收入

2008 年，银川市农村人口平均年收入 3681.42 元，较全国平均值 4760.62 元低 22%，农村经济收入水平整体偏低。

4）文化宗教

银川是宁夏回族分布较为集中的地区之一。全市少数民族人口共 43.21 万人，占全市人口总数的 27.78%，其中又以回族为多，占少数民族总人口数 93.53%。

少数民族主要信奉伊斯兰教，民俗、民风富有鲜明的民族特色和地方特色，主要体现在住宅及建筑、饮食、婚姻习俗、节庆、服饰等文化上。伊斯兰宗教要求早晚于太阳升起与落山时做礼拜，人的活动强烈地受到宗教影响，呈现出规律性的外出、归来、再外出的行为特征。在民居建筑中，往往也都设有净身洗浴、祭拜等宗教活动空间，家庭起居空间墙面也多张贴具有宗教色彩的绘画、挂毯等物件。

7.2.2 示范项目所在地基本情况

1. 自然条件

示范项目选址位于银川市兴庆区掌政镇碱富桥村。该村位于银川市东部，距银川市市区约 9km，距离黄河干流仅 2km。

由于银川平原地处黄河灌区下游，水系丰富，水量充沛，植被丰富，局部生态状况理想。但景观环境条件随季节变化很大，冬季受寒冷天气的影响，加之不再引水，土壤干燥，植物凋零，环境条件差。夏季灌溉渠道、池沼周边水稻、芦苇等植物茂盛，水草丰沛，犹如江南景象，故该项目取名"塞上江南"。由于开发历史很长，这里主要分布大片耕地和灌溉渠道，周边没有荒地和森林。

建设用地西北面 2km 处有国家级翠鸣湖湿地公园和大片水塘、池沼。北侧紧邻惠农渠；南向为大片平坦的农田；东侧紧邻银横公路（宁夏银川市—陕西横山县），区位条件良好。

---

[1] 银川市政府. 银川年鉴 2010[EB/OL]. http://tzb.yinchuan.gov.cn/publicfiles/business/htmlfiles/yczw/pycrk/1608.htm。

自秦汉以来，这里就开始修渠灌田，灌溉农业是主要的农业生产活动。经过 2000 多年的人工开发，早已成为渠道纵横、叶陌相连的"塞上江南"。该地区分布有历朝历代兴修的各种水利设施，秦渠、汉渠、惠农渠等灌渠形成了密集的灌渠网络，现为宁夏的商品农业基地。农业生产产生的大量农作物秸秆是主要生活燃料。

区内地形平坦，但由于坡降较缓，排水欠佳，地下水位高，原始地坪下挖不足 1m 即可见浅层地表水。同时，土壤的盐渍化现象严重，对农耕、建屋均十分不利。尤其是在夏季盈水期，受上游大量黄河灌溉用水的影响，原始地表低洼处甚至可以渗出并形成水塘。以至于场地旁边的银横公路都通过垫高路基的方式避免积水的影响，公路路肩超过原始地坪高程 1 ~ 2m。

由于地处黄河滩地，受河水冲积，土壤表层为腐殖土。由于长期来的耕作，土壤肥力较好，厚度约为 1m 左右；下层为黄河河滩冲击而成的细砂层，承载力非常高。

建设场地原为碱富桥村四组、五组几户居民宅基地和耕地。这几户农宅为生土结构，由于建成时间较长，且受地下水和盐碱的破坏，在拆除前几乎成为危房，居住质量很差，如图 7-1 所示。

图 7-1　建设场地原址旧建筑

来源：课题组提供

在这些宅基地基础之上，通过新村规划，向南扩大建设场地面积，作为示范项目建设用地。

2.气象条件

银川气候特征：冬冷夏热，年温差大，年降雨量较少而集中，四季分明，大陆性强。具体参数见表 7-1。

银川市气象条件参数　　　　　　　　　　　　　　　　表 7-1

地名	纬度	经度	海拔（m）	冬至日太阳高度角（°）	气温（℃）				
					最热月	最冷月	年平均	年较差	日较差
银川	38°29′	106°13′	1111.5	28.0	23.4	−8.9	8.5	32.3	13.0
	相对湿度 %		年降水量（mm）	风速（m/s）			日照时数（h）		水平面 12 月辐射量（MJ/m²）
	最热月	最冷月		全年	夏季	冬季	全年	12 月	
	64	57	197.0	1.8	1.7	1.7	3014.8	218.6	272.9

来源：中华人民共和国建设部 . 建筑气候区划标准 GB50778-93[S]. 北京：中国建筑工业出版社,1993。

此外,当地冬季最大冻土深度为 0.88m。丰水期,自然地坪下挖 0.6m 即遇到浅层地下水。

3. 社会发展

1) 人口情况

碱富桥村原有 11 个村民小组,约 400 户,平均每个村民小组约 40 户户。全村常住人口 1680 人,有劳动力 650 人,男女比例为 1 : 1,老龄比例为 10%,人口自然增长率为 0.4%,自然出生率为 0.1%,自然死亡率为 1.2%。汉族占绝大多数,回族比例不足 1%,4 户。村中没有清真寺。

户均常住人口 4.2 人,表明家庭规模缩小,多代户所占比重较小。多为 1 对夫妇外加 2 个孩子的核心家庭结构。

全村共有耕地 4870 亩,人均耕地 10 亩,人均毛收入 4000 ~ 5000 元。

主要经济形式为粮食农业（水稻、玉米）、奶牛养殖业、汽车运输业,部分人员外出进城务工。

青年人目前从事农业生产的较少,主要进城务工或者从事汽车运输；中年人是农业生产的主要人员。通过前文研究,我们明确知道第一产业的农业生产活动和第二、三产业的生产活动对居住空间的要求是不同的。而当前,在乡村居住建筑设计方面并没有作出适当的变化。相信随着进一步发展,会有更多的人分流出来进入城镇从事二、三产业工作,居住却在乡村地区,这样一来他们的居住问题势必会变得更加突出。

2）收入构成分析

农业收入仍占大部分家庭收入的主要部分,绝大多数家庭没有除农业收入以外的其他收入。据统计,70% 的农户主要以农业生产为生,按照耕地 10 亩 / 人,每亩毛收入 400 元计算,则每年农业收入约为 4000 ~ 5000 元。10% 自己开车跑运输,收入难统计确定。

据此推算,人均收入 4000 元 ~ 5000 元的家庭占较大比重,为 280 户,占总户数 70.0%；低于 4000 元的为 30 户,主要为老年人独居户；超过 5000 元的主要原因是还从事其他行业,例如运输、外出打工等；最富裕户往往从事非农业耕种劳动,本村主要为养殖业,但所占比例很小。

3）生活生产变化

调查显示，目前几乎每家都拥有几件农业机械，如拖拉机、收割机、脱粒机等。劳动生产普遍采用机械化耕作，效率较高，部分剩余劳动力分流到养殖或运输业。但是，农业生产收入仍是最稳定的收入来源，在家庭收入中占比重较大。

现实生活中，由于分散的农业经济形式，村落缺乏行之有效的管理手段，村民委员会往往流于形式，难以发挥基层社会管理的机能。村落公共环境衰落，脏乱差的现象随处可见。村民迫切需要新的居住形态替代传统自发形成的居住环境，在空间上能够有明确的公私界限，公共部分可以通过公众参与的方式进行管理。

7.3　碱富桥民居建筑现状与分析

7.3.1　宅基地情况

1. 户均宅基地面积

调查显示，碱富桥村由于地处黄河滩地，地广人稀，土地资源相对充裕，农民人均耕地现在还可以达到 10 亩以上，因此，长期以来对农村宅基地占地面积的控制相对内地而言较为宽松。村民宅基地面积相对较大，但仍呈现出大小不一、面积差异较大的状况。1978 年前批准建设的宅基地多为 1.6 亩以上，20 世纪 80 年代后多大于 1 亩，近期新建民居控制在 0.6 亩左右。

宅基地宽阔具体表现为院落布局较宽松，建筑间距疏朗，院落功能组织粗放，当然土地利用水平较低，浪费情况严重。

虽然银川地区人多地广，土地因素不敏感，但是通过合理规划和设计，民居节地潜力巨大，不应忽视。

2. 宅基地选址

调研了解到银川地区乡村居住分散。住宅多分散在公路两侧或田野中水渠旁边，线形布局或几户一组，规模不等。相较而言，位于公路两侧的民居数量少于田野中的。这可能是因为地广人稀、人均耕地面积较大，加之相对原始的劳动生产能力，出于方便劳动的缘故，人们往往选择就地而居。这样根据耕作土地面积的多少控制出聚落间距，形成了相对分散的星空般的村落布局形态。

经济发展、交通优势对乡村居住生产生活影响日渐明显。近 30 年间，新修建的乡村民居往往都倾向于直接临近道路修建，形成特殊的肌理，如图 7-2 所示。虽然因为距离道路较近，便于生产生活利用道路基础设施，但是也带来很多不利。譬如：生活受交通干扰，噪声较大，出行也不安全，尤其是小孩玩耍时容易受到过往机动车辆的威胁，交通事故频发。

图 7-2　沿路布置的村落民居

来源：Google 地图

　　此外，受制于道路的走向，加之对居住建筑朝向和节能的关系问题缺乏足够的认识，很难做到正南正北朝向以争取冬季日照。虽然大家也知道朝向的重要性，但在具体处理上似乎也没有效的手法，或者就是受用地面积所限。民居建筑常直接临交通道路建设，这种现象在当地十分普遍。建筑的长边与道路平行，虽然利用了道路的区位优势，但是受交通干扰较大，难以形成相对安静的小区环境，居住品质较差。更为重要的是，由于受道路走向的限制，导致该地区建筑难以做到正南正北的朝向。这样，一方面扩大了建筑迎风面面积，增大了冬季采暖能耗；同时，太阳能的利用效率也不高。

　　现实生活中，出于某些原因，多数乡村民居主体居住建筑的长轴不管朝向问题，仅仅和道路找平行关系。

　　在西北荒漠化地区冬季寒冷，往往又以北风为主，因此这样的布局方式即使消耗了大量能源采暖，但是由于能耗水平很高，室内温度仍然较低。

　　3. "庄台"的做法——应对湿地措施

　　碱富桥村地势平坦，遍布湿地，尤其是夏季地表水充沛，建筑易受地表水侵袭；其他季节浅层地下水也会通过毛细现象上升到地表或墙体内，在冬季造成冻融破坏，如图 7-3 所示。在防范地下水侵蚀和盐碱化方面，民间多采用"庄台"的形式处理地表水给建筑带来的影响。

图 7-3 因墙身防潮措施不当引起的破坏

来源：课题组提供

　　具体而言，首先尽量选择地势相对高峻的场地建设；其次，通过在空地堆填沙石料以提高场地标高，减小地表水侵蚀；再次，建筑的基础采用卵石砌筑，杜绝上面的墙体通过毛细现象吸收水分造成的冻融破坏。这样形成了特殊的"庄台"做法，在当地十分普遍。也就是说，庄台是修建在台地之上的，庄台使得最高水位维持在冬季冻土深度以下（当地冬季最大冻土深度达 0.88m），减小了水的影响。图 7-4 所示为银川黄河滩地地区最常见的减小地表、地下水建筑影响的建筑方式。

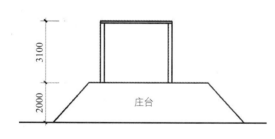

图 7-4 银川平原乡村民居的庄台示意与实景

　　"庄台"的做法，在防洪和减小地表水不利影响方面是有效的，但是动辄 2 ～ 3m 高的台阶，致使实际建筑高度成倍增加。在冬季，建筑周边由于缺少有效遮挡寒风的措施，房屋的北墙面直接暴露在寒风中，对室内热环境影响很大。这与寒冷地区建筑选址应选择避风向阳处的基本原则是矛盾的，客观上也是造成该地区居住建筑采暖能耗大的原因之一。

　　在经济方面，修建如此规模的庄台也是要花不少钱出不少力的。"庄台"若按照占地 1 亩，高 2m 计算的话，则总土石量在 1300m³ 以上；即使按照 0.6 亩（折合 280m²）占地算的话，土方量亦高达 800m³。如此多的沙石土方既需要人力运输，也需要支付高额的费用，更为关键的是从哪里寻找如此多的资源呢？据估算，庄台的总造价约需 1 万余元。

　　因此，对于很多家庭收入较低的人家而言，只能就地修房，仅仅在基础部位通过砌筑约 150～300mm 厚的卵石作为隔水层，上面再砌筑 5 皮黏土实心砖作为勒脚的做法，防潮效果不佳。毛细作用加上冻融破坏，使得建筑墙身容易受损。但是由于价格低廉，这种没有庄台的民居做法在当地十分普遍，如图 7-5 所示。如何在示范项目中既做到改善墙体防潮性能，又能有效控制造价值得关注。

图 7-5　简易的基础做法，防潮性能差

来源：课题组提供

7.3.2　院落布局

　　在当地，30 年前修建的较为典型且布局完整的传统乡村民居院落多为 L 形布局，常常仅设置前院，没有后院。在院落北端，靠地界处布置民居建筑中的主要居住空间，它的北墙直接充当了院墙；在西侧多布置一些附属用房，主要为厨房、储藏、农业机械停放等，同样的，它的西墙也兼作院墙。这种 L 形的建筑布局有利于冬季遮挡西北方向的寒风，为前院营造较为理想的居住环境。在院落的东南部，主导风向的下风侧多布置卫生间、牲口棚、鸡舍、猪圈等内容，减小对主要生活空间的干扰，如图 7-6 所示。这样的一座院落占地常常超过 1.5 亩，且很适合传统的农业生活方式。

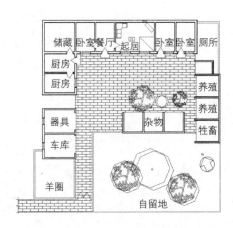

图 7-6　碱富桥典型民居院落平面图

改革开放后，因为宅基地面积减小，生产方式的变化，家庭人口的缩减等原因，院落布局在上述基础上又发生了简化，实体建筑的布局演变为"一"字形。常常只有位于北端的一栋主体居住建筑，其余的卫生间、牲口、农业机械停放等附属空间随意地安排在院落中。这样的院落布局失去了传统民居良好的遮蔽北向寒风的效果。同时，由于占地面积的缩小，院落较为拥挤。

7.3.3 民居形态受自然影响强烈

银川地区纬度较高，太阳高度角小，冬季寒冷，冬季御寒是民居建筑最重要的问题之一。冬季房间尤其需要日照，房屋之间必须有足够的间距才能有更多的日照，所以，传统民居内院较大，空间开阔；房间进深尺度小，太阳的辐射热能就更易提高室内温度。厚重的墙体才能抵御外面寒冷的严寒，提高房间的保温效率，所以墙面往往尽可能减少门窗洞口，或者缩小开口的尺寸。可以说，气候因素在新传统生土民居中都基本得到了反映，但由于技术的局限性，还有待改进之处。

1. 民居现状概述

由于自然条件和社会政策的局限性，西北荒漠化地区社会发展较为缓慢。长期以来，农村居住建筑在缓慢演进，处于新旧交替阶段。同时由于人员流动的频繁，文化传播的加强，在民居变化过程中受外界因素的影响越来越大。在建筑方面也能反映出这种趋势。目前，在碱富桥村一方面大量生土民居依然在使用；另一方面，富裕起来的农民出于对旧生土民居缺陷的无法容忍，或对城市生活的向往，修建了砖混结构的新民居。

近几年来，地方政府推行农房改造工作，采取行政组织的方式鼓励大家修建砖混结构的民居，并且这种势头有增无减。从主观方面看，这种愿望是好的，但是客观地看仅仅只是建筑形式、材料的变化而已。因为这种变化没有涉及与居住生活有关的居住模式、空间组织、建造方式等方面的变革，因而难以称之为进步。

2. 典型传统生土民居做法

1）平面特征

当地传统民居以农户自发建设为主，平面布局简单。由于用地宽松和出于方便生活的需要，多为单层独院式住宅。主体为东西向一字形条形布局，或L形布局。主要居住建筑以南北向为主，多为3间一组，3~7间一字排开；开间尺寸3m左右，总长度10.0~24.0m。进深方向仅布置一层房间，不足5m，如图7-7所示。据此计算体形系数约在0.8~0.9。

在室内生活空间布置上多比较随意，忽视利用最佳房间。例如，图7-7中东西两端房间均布置了床铺，由于靠外墙布置冬季温度较低，舒适性差。对端头房间而言，由于其局部体形系数大于中间房间，受外界环境影响波动大，因此采暖负荷大，室内空气温度低，且温度波动大。这两处应布置储藏、厨房等次要房间是比较合理的。这种做法可能是源于农村地区粗放的生活行为，只能通过民居在物质空间上的处理限制不合理行为在此发生，而不能寄希望于自觉改变。

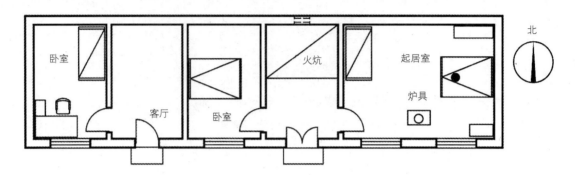

图 7-7　碱富桥村典型生土民居平面布置图

主入口一般都能选择设置在南向避风处，数量不少于 2 处，且出入口处理十分简单，缺乏有效御寒措施。民居建筑主要在南向墙面开设窗洞口，南向窗墙面积比约为 13%，东西向山墙往往均不开窗洞，北向墙面往往不开窗，或出于通风原因仅开小窗。

2）层高问题

需要特别说明的是，那些比较老旧的生土民居的层高往往已被控制在 3m 以内，而新建民居层高却多为 3.6m。其中的原因可能是人们通过生活实践已经掌握了通过缩小空间体积的方式，进而提高冬季室内温度，减小能耗的方法。但是，由于在平面布局等方面存在严重缺陷，体形系数较大，导致最终的室内温度仍然较低❶。

3）屋顶形式

当地气候，由于降水稀少，主要集中在夏季且瞬时降水量很大，所以无论传统生土民居，还是新建砖混结构民居，它们的屋面形式基本上都采用了平屋顶的形式，如图 7-8 所示。一方面构造简单，施工方便，可以有效控制造价，同时还有利于缩小房间体积，以便冬季采暖节能。但是，这样的平屋面也存在着明显的缺陷。例如，冬至日或大寒日太阳光线与屋面的夹角不利于屋顶吸收太阳辐射，转化为低温热辐射；同时，由于屋面传热系数很大，不但受外界气温影响波动很大，而且屋顶内表面温度很低，热环境质量很差。

❶　张群，朱轶韵，刘加平，梁锐．西北乡村民居被动式太阳能设计实践与实测分析 [J]．西安理工大学学报，2010，26（04）。

图 7-8 传统生土民居平屋顶形式

来源：课题组提供

4）墙面开口

由于受传统生土民居墙体材料力学性能和观念的限制，窗洞开口往往较小，一方面，导致室内自然光线较暗；另一方面也不利于窗口直接接受太阳辐射能量增加室内温度。

5）构造做法及传热系数

常见围护结构做法如下：

（1）墙体。外墙为 350mm 厚土坯墙，勒脚部位砌 5 皮实心黏土砖，下为卵石基础，传热系数 $K=1.808W/(m^2 \cdot K)$。内墙为 250mm 厚土坯砖墙。

（2）屋顶。多为平屋面，屋面不铺瓦。木椽直接搭在承重外墙上，上铺芦苇席，铺草泥，最薄处厚度不小于 200mm。传热系数 $K=2.040W/(m^2 \cdot K)$。

（3）地面。卵石地面，中粗砂找平，上铺实心黏土砖一皮。传热系数 $K=1.180W/(m^2 \cdot K)$。

（4）门窗。外门为单扇内开木门，传热系数 $K=1.972W/(m^2 \cdot K)$，冬季外挂棉门帘增加保暖效果；窗户多为单层木框玻璃窗，传热系数 $K=4.7W/(m^2 \cdot K)$。

主要围护结构导热系数均远远超出节能设计标准规定的限制。另外，对外墙的转角、外墙与屋顶交接、外墙与地面交接等处存在"冷桥"缺乏有效处理，热量散失严重；木质门窗，缝隙密闭不严，冬季冷风渗入现象严重。

受经济技术条件限制，原有民居多在自然地坪上直接修建，容易受到较高的地下水位影响，对地下水缺少有效阻隔，室内空气潮湿。部分新建民居，由于防潮、防水施工工艺较差，墙身返潮、起碱。

6）材料选择

墙体材料的获得因地制宜，结合实际条件。在水稻收割后，将稻田内的水放空，晾晒几日待表层板结后，用铁锹按照一定规格分成块状（400mm×200mm），再用工具按照 200mm 的厚度取出晾晒，最终形成 400mm×200mm×200mm 规格的土坯，当地人称之为"土剂子"。来年春夏季就用这些作为主要的材料修建墙体，如图 7-9 所示。

图 7-9　块状生土墙体材料

来源：课题组提供

屋顶的主材也是泥土。预先将切成 100mm 段状的稻草秆和稻田里的泥巴充分搅拌混合，直接铺到位于梁椽之上的芦苇席上面即可，最薄处厚度约为 150mm。

7）冬季采暖方式与能耗

整个生活空间外围的东南西北四个墙面都直接暴露在外界，由于缺少空气夹层的缓冲，建筑受外界温度变化的波动影响很大。尽管生土材料热惰性和热阻等指标较为理想，但是相对单薄的厚度依然难以抵挡严寒，还需要提供很大的能源消耗维持室内空气温度。

冬季采暖主要通过使用煤炉燃烧煤炭和燃烧农作物秸秆烧炕，也有灶连炕的形式。

据统计，一个采暖季每户采暖耗煤量约 2～5t，按照建筑面积 90m² 计算，则平均每平方米耗煤量 30～50kg[1]。

8）生活饮用水

在建设之前不通自来水，主要使用水泵抽取浅层地下水，水质较差。经取样化验表明：pH=8，氨氮含量、铁锰离子含量显著高于饮水标准，说明地下水已经严重受到土壤化肥污染，长期饮用必然会损害身体健康[2]。

9）进化过程中的问题

现存传统生土民居多建于 30 年前，与当时的人口、经济、生活方式等适应。近年来，这些因素都发生了根本变化，尤其是家庭人口结构和生产、生活方式的剧烈变革。造成部分建筑面积闲置，仍在使用的部分又由于功能上的缺陷使用不便，例如缺少户内的厨卫设施，上下水无法排放，室内昏暗，通风采光差，空气质量不佳等。

对比那些近 20 年来新建砖混民居，虽然它们是在新的社会与经济背景下修建的，但

[1]　张群，梁锐，刘加平. 宁夏地区乡村民居节能设计研究 [J]. 西安建筑科技大学学报（自然. 科学版），2011（04）。
[2]　翟亮亮. 西北地区农村民居适宜性建筑技术研究——以银川为例 [D]. 西安：西安建筑科技大学，2010: 35。

是在建筑模式上却没有从根本上反映出这种变化。以主体居住建筑而言，主要的变化是缩小了原来的开间数，变为以 3～5 开间为主的一排房间试图满足现代生活需要，并且这种变化多是停留在材料上。用砖头、混凝土替代了原来的生土材料，反映在建筑面积上就是占地和建筑面积明显缩小了，而空间上没有出现真正的变化。所以，严格意义上看，砖混结构的乡村民居存在的问题比生土建筑还要多，除了那些原有的不足（缺少户内厨卫设施、上下水，室内昏暗，通风差，生活不便）外，还出现了新缺陷，例如，由于结构与构造措施不当而存在的安全问题、能耗加大问题等。

3. 典型砖混结构民居做法

近期修建的多为简易砖混结构住宅，由于占地面积的减少，院落布局也变得简单了。多为一栋主体（居住），外加一些辅助建筑（厨厕、饲养、储存等）。调查表明，砖混民居与传统生土民居主体居住建筑相比较，建筑平面模式没有根本变化，调整变化的仅仅只是开间数量、建筑材料、构造做法以及具体细部尺寸等。因此，传统民居原有的缺陷并未通过砖混结构的建筑形式得到改善和提高。

1）平面特征

主要生活空间位于主体建筑内，主要由客厅外加几间卧室和储藏空间构成。平面一字形排开 3～5 间，开间 3.0～3.6m²，进深从 5m 增加到 6m。需要指出的还有层高被放大到 3.6m，甚至更高。体形系数在 0.8～0.9 之间。

由于受用地条件限制，主入口位置多和道路直接相对，不再都能设置在南向避风处，并且出入口的处理没有相应的防风处理，冷风渗透严重。由于墙体材料的进步，南向墙面开窗洞口面积有所加大，窗墙面积比扩大到 20%，东西向山墙往往依然不开窗，北向墙面出于房间内部采光需要开窗面积加大，如图 7-10 所示。

图 7-10　典型砖混结构民居外形

来源：课题组提供

2）构造做法

（1）墙体。主要的变化就是用实心黏土砖取代了原来的土坯，墙身下侧的防潮层依然没有处理。外墙为 240mm 厚砖墙，下为钢筋混凝土条形基础。传热系数 $K=1.808\text{W}/(\text{m}^2 \cdot \text{K})$。内墙为 240mm 厚砖墙。

（2）屋顶。多为 120mm 厚钢筋混凝土预制板平屋面，结构找 2% 坡。上铺炉渣保温层，最薄处厚度不小于 200mm，卷材防水层。传热系数 $K=2.040\text{W}/(\text{m}^2 \cdot \text{K})$。

（3）地面。卵石地面，中粗砂找平，上铺 100mm 厚素混凝土面层，传热系数 $K=1.180\text{W}/(\text{m}^2 \cdot \text{K})$。

（4）门窗。没有变，同旧生土民居门窗做法。在城市已被普遍采用的中空双玻塑钢窗，由于价格因素在农村较少使用。

在构造处理方面，由于多数人对结构缺乏科学认识，认为砖混结构与生土结构的区别仅仅是材料的差异，造成结构、构造和施工环节问题较多。尤其是没有注意有效控制结构交角处的"冷桥"，经由此散失的热量十分巨大。再有就是抗震构造多被忽视，潜在安全隐患严重。

3）材料选择

墙体和屋面材料变成黏土砖和水泥、钢筋等材料。普遍而言，这些材料价格高出传统材料很多，且由于操作技术不当，建筑质量并没有随着材料强度的提升而改善。在材料热阻方面，新材料数值普遍变小，同时在围护结构厚度减小的情况下散失的热量成倍增加。

4）冬季采暖方式与能耗

新建砖混民居多为年龄相对年轻的人居住，出于燃烧植物秸秆烧炕不方便，卫生条件差等原因，火炕基本被淘汰，转而主要依靠火炉加热空气取暖。上面提到，新民居的围护结构热阻减小，厚度减薄，北向开窗面积增大，造成了围护结构总传热系数显著提高，经由它们散失的热量也相应增大，在保持同样的室内温度的情况下，能源消耗量成倍增加。这就意味着，冬季采暖费用提高不少。

调查表明，室内平均空气温度不足 10℃，平均每平方米采暖耗煤量超过 50kg[1]。

5）演变中的问题

这里，并不是要否认砖混结构进入碱富桥村的民居建设，而是希望能有一个健全合理的体系，包括设计、材料、构造、施工等，不要仅仅只是材料的变化。调查显示，生土民居存在的很多问题在砖混住宅中都没有得到有效解决，如：功能不便，空间感差、缺少户内的厨卫设施、上下水、室内昏暗等。

经调查分析，这种砖混民居建筑面临的主要问题包括：功能未改善，结构安全性差，

[1] 张群，梁锐，刘加平. 宁夏地区乡村民居节能设计研究 [J]. 西安建筑科技大学学报自然科学版，2011（04）.

采暖能耗大等。

图 7-11 为某户院落中生土与砖混住宅的形式。除了建筑高度增加外，其他方面几乎没有进步。

图 7-11 砖混与生土民居联建的形式。

来源：课题组提供

7.3.4 民族宗教文化对居住建筑影响有限

通过对银川碱富桥村的调查，发现民族和宗教文化对居住建筑影响十分有限。在当地，民居建筑的院落布局、房间组合、室内空间形态、施工做法等方面几乎完全是一样的，主要是受自然环境决定的。除此之外，出于民族宗教原因，存在的区别仅仅是在外部檐头、檩椽、门窗、墙壁、照壁等处，多以牡丹、葡萄等花草、山水自然景观图案作为装饰；在内部空间局部增加了一些宗教生活必需的空间和设施，例如洗澡净身、做礼拜的地方，或者在墙上贴了一些印刷的画像。有条件的家庭一般会有一间收拾洁净的小屋，屋内挂有精美的古尔白图等，主要供回族老人静心礼拜诵经，如图 7-12 所示。除此之外，在建筑与环境的关系、建筑形制、材料选择、构造做法等方面汉回民族的民居是相同的。可以简单地得出这样的结论，在同一个地区，宗教文化对居住建筑的影响是十分有限的，不必过分强调民族在建筑设计中的作用；需要格外注意的是，包括气候在内的自然环境因素对民居建筑模式具有决定性的影响。

图 7-12 回族民居外观与室内

来源：课题组提供

需要指出的是，在基本模式相同的基础上，由于回汉民族在信仰、价值观等问题上的区别可以影响对环境的态度，进而决定行为方式，因此在他们对自己家园的管理上存在着明显区别。据调查，汉族民居住宅往往不注意环境卫生的处理，即使是新修建的民居，院落中也是畜禽粪便遍地、污水横流，室内地面垃圾尘土遍地，墙壁因烧煤取暖弄得漆黑，对建筑构件的损坏熟视无睹，更为关键的是绝大多数人对此并不觉得有何不妥。作为对比，回民由于有自己的宗教信仰，在行为方面极为收敛，对自己能够做到自我约束和管理，对家庭环境卫生处理极为精心。他们的院落打扫得非常干净，粪便也能做到及时处理，室内墙面和地面也是一尘不染，建筑有何不妥或者损坏之处都能及时修补，让人心情愉悦。

因此，在新民居设计时需要从自然环境要素的角度把握民居建筑的基本模式，对于民族宗教问题可以不用过分考虑。关于建筑风格问题，居民就会根据自己的喜好和实际需要在基本模式上作出灵活的调整。对建筑师而言，重要的是抓住自然环境要素对民居建筑的作用。

7.3.5 收入水平对建筑模式没有直接影响

碱富桥村农村民居时态调查印证了前文判断，即经济收入水平对居住建筑模式影响十分有限，而生产生活方式才是真正决定民居建筑空间设计的依据。

经济收入对民居影响主要停留在建筑外表层面，包括饰面材料、建筑材料、房间数量、建筑层数、家具陈设等，而对建筑空间组成关系的影响十分有限。可以这样说，如果忽略了外表装饰性因素，碱富桥村的普通农民家庭和富裕农民家庭之间，住房在抽象的模式关系上是一样的，没有本质的区别。反过来说，尽管随着经济水平提高，投入民居建设的总费用增加，但也并不意味着居住建筑质量必然提高，因为经济投入与建筑的模式关系之间没有必然联系。

从行为活动与建筑空间的关系角度看，生产生活方式决定了民居建筑的基本模式关系。由于绝大多数家庭依然从事相近的农业生产工作，他们对居住建筑的要求基本是一致的，尽管不同家庭的收入有高低差异，这就决定了民居建筑与生活行为的关系是相同的。具体表现为，还是在使用主体建筑之外的厨厕，还是要大量堆放生产生活资料、工具的空间，也还是要在家里掰玉米、修铁锨等。

而对于那些不以农业生产作为主要谋生手段的农村家庭而言，例如养殖专业户、汽车运输专业户等，他们对居住建筑的要求势必与过去不同，不再需要大量的农具、粮食储藏与加工空间。这些人的生产与生活行为在家庭空间中已经完全分离，这就意味着回家就是生活，就是休息，这也就意味着需要新的建筑空间形态满足生活的需要。

这样，在面对不同民居建筑的差异时就可以发现它们之间的共性因素，而不被表面的区别吸引注意力。比如，尽管大家都认为生土建筑不好，因此富裕后新建民居普遍采用砖混结构希望改善居住生活质量，但是从建筑应对自然气候、功能格局、空间组织、室内外关系等角度看并没有发生任何变化，还是相同的模式关系，变化了的只是具体物质载体而已。

具体而言，新建民居往往还是 3～7 间房间并排展开，2～3 个房间一组，每组分别与外部环境直接相连，组与组之间也必须通过室外联系，没有形成全部的内部空间组织；进深方面还是单进深，每个房间至少有前后两个面直接靠外墙，受外界气候影响很大；屋顶还是平屋顶，只是用混凝土楼板代替了过去的泥屋顶等。这样的所谓变化对于改变居住质量没有直接的作用，效果也不显著。

投资增加的部分主要花在了建筑材料、饰面装修、建筑面积等上面，影响了乡村民居建筑的多样性表现形式。

因此，乡村民居设计首先需要把握居住者的生存方式、生产生活方式，这才是设计的出发点，由此出发才能得出功能空间的设计模式关系。也就意味着，从事不同生产方式的家庭的居住空间是不同的，需要考虑这一因素。

7.3.6 居住建筑面积与造价分析

据统计，截至 2008 年，在宁夏地区一座完整的乡村民居中，尽管各类用房面积很大，但其真正用于居住部分的建筑面积多数为 $80m^2$ 左右，人均居住面积约 $23.06m^2$，单位面积造价为 208.55 元。相较全国人均 $32.42m^2$，单位面积造价 332.83 元[1]的水平都处在较低水平。碱富桥村的调查数据也基本符合这一统计值。宅基地面积大于全国平均水平，而人均可居住建筑面积小于全国平均水平的原因，一方面可能是由于经济不发达，许多生活功能还没有分化，被动地混杂在一起；另一方面的原因是缩小居住空间体积是抵御寒冷气候的一种手段，也是有效控制花费方法。

经粗略统计，华北 5 省人均建筑面积约为 $29.1m^2$，东三省平均 $23.4m^2$，上海、江苏、浙江、广东、广西、湖南、福建等 7 省为 $44.7m^2$，西北 5 省平均 $22.9m^2$。通过与全国其他地区乡村居住建筑面积的比较分析，发现一个基本清晰的规律，即：村镇经济愈是发达，人均居住建筑面积越大；同时，气候愈是寒冷，面积越小，反之愈是炎热，面积越大。当然，无需说明的就是建筑造价和经济发展水平直接相关，而与气候因素没有必然关系。

这样，在气候寒冷、经济落后双重压力下，适当控制碱富桥村居住建筑面积是适合经济社会发展现实条件的。同时，也意味着随着西北地区乡村经济的发展，居住建筑面积势必还会迅速提高，在未来设计时需要考虑这一变化因素。

---

[1] 中华人民共和国国家统计局 . 中国统计年鉴 2009[M]. 北京：中国统计出版社，2009：9-37.

7.3.7 碱富桥村居住时态调查

从 2008 年起至 2011 年春季，调研大致进行了 6 ～ 8 次，共做有效问卷 60 份（图 7-13）。主要分为前期居住意愿摸底和一期示范工程建成投入使用后主观满意度调查。调研内容主要集中在家庭人口及经济构成、住宅现状、建筑用能及对未来居住的愿望等几个方面（问卷详见附录）。

图 7-13   住户调研与回访

来源：课题组提供

1. 主要问题

住宅中普遍有粮食储存与加工和农用机械停放功能需求，分别占 60.43% 和 38.30%。这些功能现在基本都在院子里解决，导致院落十分拥挤、脏乱，生活质量不高。

突出的问题：能耗大，舒适性差，建筑质量差，建造与使用成本高，庭院混乱，卫生条件差，饮用水、道路、市政条件差，冻融破坏、盐碱侵蚀危害重。

2. 村民建设意愿分析

90.12% 的村民表示希望继续留在本地居住；还有很少一部分人考虑搬到掌政镇或银川市居住，仅占调查总数的 8.64%。主要原因应该是乡村生活中，居住生活与生产劳动之间强烈的联系，导致居住地与劳动地点之间无法分割的缘故。

关于未来是否有院落 91.93% 的家庭都表示要有独立的院子，其他人表示无所谓。

未来民居需要考虑设置独立的客厅（起居空间）。

未来民居需要考虑的辅助内容：储藏、停车、加工、种植等。

关于未来民居是独立的还是联排的：有 57.67% 的村民选择独立式，另有 26.38% 的村民选择联排住宅。

不考虑经济问题，关于未来住宅层数：40% 的村民选择 1 层，60% 的村民选择了 2 ～ 3 层。

考虑建造成本，关于未来住宅层数：60% 的村民选择 1 层，40% 的村民选择了 2 ～ 3 层。

关于建筑层高，多数居民希望净高能够达到 3.3m 以上，比现有建筑要高。

关于未来建筑材料方面：80% 的村民希望使用砖、钢筋混凝土等材料；20% 的村民表达了继续使用生土材料的愿望。

关于新建住宅的造价情况：大多数承受 5 ～ 10 万元的费用，占调查总数的 90.28%；5 万元以下和 10 万元以上，仅占 8.33%。

关于冬季采暖方式：80% 的人希望保留火炕，60% 的人表达了对暖气采暖的向往，80% 的人希望有采暖效果更好、使用更方便、更干净、费用更低的方式。

关于冬季采暖费用：75% 的人认为 2000 ～ 3000 元的煤炭消耗是可以接受的，15% 的人认为超过 3000 元也可以接受；10% 的人希望控制在 2000 元以内。

关于室内冬季采暖温度方面：80% 的人表达了在着棉衣的情况下，只要手脚不冷即可；20% 的人希望室内能够达到城里的温度。

关于住宅建筑使用功能方面：85% 以上的居民表达了需要客厅用于起居公共活动和一般的生产加工活动；80% 的居民需要户内冲水卫生间；70% 以上的居民希望有户内厨房；主要居住房间为南向的占到 90%。

关于示范区配套公共设施方面：60% 的人希望建一个集中的室外活动场地，能够演戏、看戏；80% 的人希望有配套的商业网点设施，能够有平坦的道路、路灯等。

7.4　碱富桥村民居生态建筑模式研究

7.4.1　气象条件分析

（1）太阳辐射：由于气候干燥、湿度小，因此太阳辐射强度很高，在新建民居中可以考虑充分利用被动式太阳能，包括屋面角度选择，附加阳光集热间，太阳能热水供应。

（2）空气温度：因为当地非常寒冷，建筑设计时需要认真考虑减小室外空气波动对室内的不利影响，适当增加墙体材料的蓄热系数和热惰性指标，维持室内温度的恒定。

（3）空气湿度：空气湿度基本在人体舒适区间范围，但冬季干燥，需要考虑适当增加湿度。

对于生土建筑而言，若地面为砖或土材料，则室内湿度较大。主要需要考虑墙体防潮。

（4）降水量：银川地区年平均降水量在 200mm 以下，蒸发量高达 1200mm。降水主要集中在 7、8 月份，建设雨水收集系统在经济上没有价值。因此，应谨慎考虑雨水利用。

简单计算一下，若每户按照宅基地 0.4 亩（约合 267m^2），100% 的收集效率，年收集雨水总量不足 80m^3。若按照每立方米水价格为 2 元，则每年可节约雨水 160 元。但是，建设一套最简易的雨水收集与储存系统的投资约为 3000 元，意味着需要 18.8 年才能收回成本。所以，从经济投入与效益的角度看，不适合雨水收集系统的使用。

（5）风：主导风频为北风，且冬夏季最高频率风向一致。设计中要考虑冬夏模式，即在保证夏季通风降温的同时，也需要注意避免被冬季强风带走过多热量。

7.4.2　民居应对气候的建筑模式

1. 选址方面

尽量选择在平坦、向阳的场地，背风面有土丘或者树木遮挡最好。在示范项目场地条件方面，由于处于黄河滩地，西北高、东南低，地形北高南低，而居住建筑正好符合这种地形特点，有利于减小冬季寒风的不利影响。

为了强化这种北高南低、向阳避风的效果，在小区北面设置了高大、封闭的围墙以进一步遮挡。同时，每栋住宅北面 1 ~ 2m 处密集地种植松树等常绿植物以降低风速、从而减小冬季冷风对建筑的不利影响。

2. 住栋组合

从减小体形系数和控制能耗的角度看，采用联排式的组合关系是有效的。但是，从农村生产生活习惯、相对独立的生产关系等角度看，多户联排困难很大。因此，在规划设计中，组织者根据住户的不同情况，灵活采用了几种形式：独栋、两栋左右相连、五保户多户联排等。

面积加大的套型，可以在基本核心的基础上左右扩展，在外围能够形成气候缓冲层；面积较小时，形成外围的气候缓冲层有困难，这时可以考虑联排的方式减少外墙面。

3. 日照间距

根据当地地理经度、纬度和居住建筑设计规范要求，日照间距系数取 1.9。除此之外，还需要考虑南向阳光间、直接受益窗的冬季日照时间，力求在大寒日满足尽可能多的时间。经过计算，最终确定日照间距系数取 2.0。按照建筑高度 3.0m 计算，则南北两栋建筑之间的净距离需要保证 6m，就可以满足基本的日照。

4. 体形系数

在保证改善日照、通风、使用功能的基础上，适当加大进深。主要改变原有的 5m 左右单进深的格局，在北面增加一层辅助房间，将总尺寸增加到 10m 左右，同时适当缩短东西方向长度，将平面形态从原来的长条形调整为接近方形，从而控制体形系数。

通过反复平面调整和功能优化，将自建单层民居的体形系数从 0.9 调整为 0.7，缩小了22%。

对示范项目中，核心家庭、2 卧室的典型平面布局分析，面宽和进深分别可以控制在 10 ~ 8m 范围。若层高按照 3m 计算，则体形系数为 0.83；若层高按照 3.6m 计算的，则体形系数为 0.73。

5. 空间组织与气候缓冲层

对于银川地区气候而言，正南正北方向布局的房屋可以有效地争取太阳光照，减少北向冷风影响。同时，北向轮廓尽量平整，减少形体的凸凹变化，从而减小因表面积过大造成的散热；南向可适当增加凸凹变化，增加得热面，争取通过被动式吸收阳光提高建筑温度。

在居住建筑中，通过合理安排房间的功能布局，设置北侧、东西侧和屋顶气候缓冲层，减小主要使用房间的外墙面积和室外环境对室内的不利影响。具体而言：

1）北向气候缓冲层

包括客厅、卧室在内的主要起居房间位于南向，卫生间、厨房、库房、楼梯间等次要使用房间位于北向——争取南向日照，同时北向辅助房间形成气候缓冲层。

2）东西向气候缓冲层

南向房间中，将白天使用频率最高的房间（如客厅）放在中间；东西两端布置频率较低，或对温度要求不太高的房间（卧室）。

在最外侧，放置与日常生活不那么密切的功能，如生产性储藏间、车库等可以放在主体的东西两侧，甚至放在北侧，但要注意控制高度，避免遮挡主要房间北侧采光通风。这样，既方便使用，同时也可以成为气候缓冲层。

这样事实上在主要起居使用空间外侧形成了 2 个圈层，从外向里依次是：最外面的是生产辅助，中间的是生活辅助，最内侧的是起居空间，如图 7-14 所示。

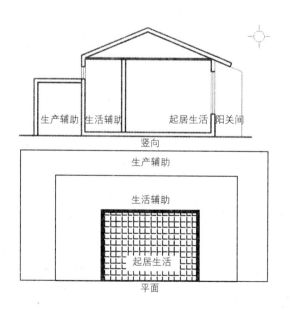

图 7-14　气候缓冲层示意

3）竖向气候缓冲层

在坡屋面和吊顶之间存在一层封闭空气层。一方面，可以减小外界气温对室内波动的影响，另一方面，有利于提高室内吊顶内表面温度，提高采暖温度。

6. 功能模式与布局方面

北侧主要布置厨房、卫生间、生活储藏室等内容。一方面，这些功能对采光、自然通风等没有起居空间要求那么严，另一方面，可以腾出宝贵的南向空间给客厅、卧室等。在处理这些辅助性房间的相对位置关系时，按照对温度舒适性的要求，将生活储藏室、楼梯间等尽可能放在东北角、西北角等转角部位，避免将厨房、餐厅、卫生间等对温度有一定要求的房间放在角部，以免因为这些房间的外表面积过大引起冬季室内温度过低造成的不适感。

在功能组织上，通过位于南向中部的客厅组织各项家庭功能活动。住宅的主要出入口、门斗等直接与客厅发生联系。客厅内部部分空间充当了交通空间，虽然，看似流线有些混乱交叉，但是这符合乡村家庭喜欢热闹、聚堆、串门的习惯。将主要的外向型交往活动、部分农副产品加工等都集中在这里，这样交通路径最短捷，对室内的干扰最小，同时也方便联系周边各房间。

客厅空间作为乡村家庭生活的核心，还可以展现家庭的实力、喜好，有利于表达主人的个人价值。

这样，由南向的客厅与北向的厨卫空间一起组成银川乡村民居建筑的核心空间模式，周边根据需要灵活增加生活或者生产性内容。

根据最常见的 4 口人核心家庭结构，在客厅两侧、南向布置 2 间卧室，即可满足日常需要。简化状态下，这样的布局，总面宽可以控制在 10m 左右，进深则在 8m，体形系数 0.73 ~ 0.83。在此基础上，可以在两侧增加卧室满足具体人口变化需要，如图 7-15 所示。这样事实上就形成一种适宜当地生活的平面布局基本模式，即由南向客厅、北向厨卫形成基本的发展核心，两侧根据需要适当添加房间自由生长的模式，如图 7-16 所示。

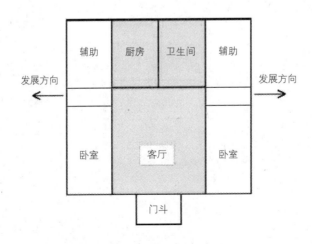

图 7-15　基本模式单元

考虑到部分生产性活动需要在室内，因此放大客厅尺寸，并将主入口设置于此，以便同时满足生活与生产对空间的需要。

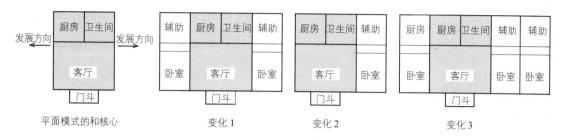

图 7-16 基本模式单元的不同变化形态

考虑到乡村相对封闭的生活与人员流动，访客较少，故只根据常住人口数量确定卧室个数，而不设置临时客人卧室。

具体卧室开门位置可以灵活确定，甚至可以直接开向客厅或南向院落。

图 7-17 为在此模式基础上形成的最终户型平面图，基本体现了上述平面模式关系。

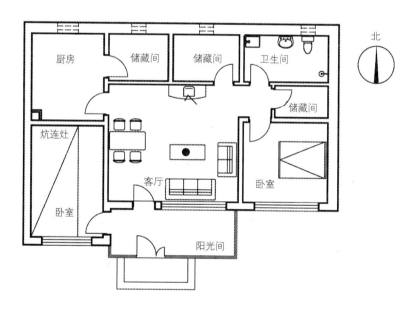

图 7-17 新建示范民居户型平面

来源：课题组提供

7. 门窗南大北小，控制窗墙比

根据银川地区 12 月份气象资料，尤其是太阳辐射强度和晴空天数 ❶，加大开窗面积对

---

❶ 中华人民共和国住房和城乡建设部. 太阳能供热采暖工程设计技术规范 [S]. 北京：中国建筑工业出版社，2009：63。

于提高冬季室内空气温度的效果十分明显。总体而言，白天南向窗户因太阳辐射得热量大于失热量，只要做好窗户的夜间保温措施，则窗户对于民居建筑而言是得热构件，而非失热构件。相关规范规定银川地区南向窗墙比不超过 50%，设计中考虑到满足实际使用需求的条件下，尽量增大比值，经测算示范建筑南向窗墙比约为 40%。

北向、东西向窗户是失热构件，因此，在满足基本的采光通风前提下窗户面积尽量小，有利于控制热损失。示范建筑北向窗墙比 30%，东西向窗墙比 0%。

8. 减少开口数量，设置门斗

在乡村生活中，许多活动都需要在室内和院落中进行，例如搬运粮食、器物等需要频繁进出，即使在冬季也不例外。频繁的进出造成了冬季过多的冷风渗透，散失热量，室内采暖温度不佳。

自建民居往往都有至少 2 个出入口，且不设置门斗等措施减少冷风渗透，冬季仅依靠在户门外挂一道棉帘的方法，保温效果不好。

新建筑将主入口放在南向背风处，且门斗与阳光间相结合，在室内外空间之间形成一道过渡空间，将部分在庭院的活动安排到阳光间中进行，例如农作物加工、储藏、聊天。冬季晴朗的白天这里温度适宜，在阳光的照射下很多活动可以自发地展开。

另一方面，阳关间兼门斗的设置对主要房间而言形成了一个气候缓冲层，减小了外界对起居空间的波动。

9. 屋顶形式

在项目启动阶段政府已经提前确定了"塞上江南"白墙、灰瓦坡顶的南方居住建筑形象。因此，建设项目采用了平坡结合的屋面形式。这样既可以做到形式上的生动活泼，更重要的是有助于结合不同功能，对区分不同空间性质，营造相应的室内空气温度环境，做到有区别、有等级的保证，避免了整体性提高房屋性能，既浪费，也没必要。

在主要的起居空间，包括客厅、卧室，采用坡顶，次要的辅助空间采用平屋面的形式。采用了坡屋面和吊顶相结合的形式，由结构屋面与吊顶之间的空气形成"气候缓冲层"，避免因外界的低温造成的空气波动，有利于主要起居房间内保温。辅助用房采用平屋面，一方面可以控制成本，方便晾晒农作物，还可以为放置太阳能集热器、卫星天线等设备提供条件。

在其他没有特定建筑形象要求的情况下，乡村民居建筑完全可以全部采用平顶的形式。针对传热系数大的主要缺陷，选择新型绝热材料，减小屋顶传热，在做好保温构造的条件下一样可以达到舒适性的效果，这样造价可以得到有效控制。

示范住宅的立面、剖面如图 7-18 所示，在窗墙比、入口形式与位置、屋顶形态、建筑高度等方面体现了上述的分析。

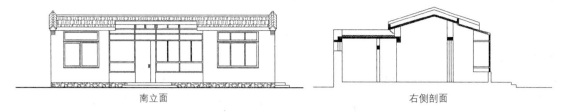

南立面　　　　　　　　　　　　　　　　右侧剖面

图 7-18　示范民居的立面与剖面

来源：课题组提供

10. 层高确定

方案创作研究中，综合考虑实际使用需要、空间感受和节能问题，进行了折中，示范民居层高尽量在 3.3m 以内。在考虑室内空间感受、冬季采暖舒适度、节能等西北荒漠化地区的共性特征外，还需要考虑示范点夏季地下水位高、盐碱化严重的特殊要求。

经调查，周边老旧生土民居的层高多不足 3m，几乎都是平屋顶；近年来新建的砖混结构民居层高多为 3.6m，多采用平屋顶的形式。

富裕后的农民多希望空间大些，看上去会感觉比较通畅，同时在农村也存在着对建筑高度的盲目攀比，这就导致了不切实际的一味追求房间的高大。其实，一味追求高度的室内空间比例往往不太合适，空间感受往往不佳，能耗也大。

在设计过程中，结合了农民的实际心理需要和专业角度的空间感受与节能设计，将室内净高定在 3m 以内。建成后，主观意见调查证明多数居民对层高反应正常。

11. 剖面设计方面

特殊的技术问题——原有生土民居由于构造措施不当，受盐碱侵蚀和冻融破坏严重，墙脚处有大片剥落，影响美观，更重要的是造成结构性问题。这种现象在当地十分普遍。经调查，大部分农民包括施工人员在内都搞不清楚这一原理，往往认为是墙表面受潮引起的，因此多采用外表粉刷的方式解决，这样是无法解决问题的。

因此，在示范项目中结合结构设计，基础也采用了毛石材料和钢筋混凝土圈梁的方式，同时在临土一侧刷防水涂料隔绝毛细现象，防止了墙体受盐碱侵蚀和冻融破坏。

对于夏季地下水位高、冬季寒冷的自然条件而言，需要在剖面设计方面进行适当的探索以根除问题。

7.4.3　多种户型变化应对生活方式

本书得出了"经济水平不决定建筑空间，生活生产方式是空间设计的依据"的结论，以此指导套型设计。根据碱富桥村农户生产生活方式的不同、家庭成员组成差异等因素，确定了多种建筑套型，供住户选择。套型图见附录。

7.4.4　建筑材料

1. 草砖:

草砖导热系数: 0.113 ～ 0.117 W/(m·K)。

240 空心砌块 +250mm 草砖, 墙体总传热系数 K=0.295 W/(m²·K)。

2. 石头基础:

蓄热系数大, 可储热, 晚上可向室内散热, 维持室内稳定。

考虑到材料的易得性和经济性, 选择了粉煤灰蒸压空心砖作为墙体主材。

3. 粉煤灰蒸压空心砖

银川市东部的宁东地区有大型火力发电站, 产生过程中产生大量的粉煤灰和煤矸石副产品。当地企业将这些工业废弃物再加工形成了多种新型建材, 如粉煤灰蒸压砖、煤矸石砖等。经检测, 粉煤灰蒸压空心砖的技术指标如下: 容重为 800 ～ 900kg/m³, 导热系数 1.056W/(m·K), 强度不低于黏土砖、水泥砖。在示范项目建设中, 同时使用了草砖、黏土砖、粉煤灰蒸压砖、石头等建材以便作出技术示范。示范项目建设过程如图 7-19 所示。

草砖　　　　　　　　　　蒸压砖　　　　　　　　　　石头

图 7-19　示范民居工程使用的主要建材

来源: 课题组提供

7.4.5　构造设计

1. 非平衡式围护结构

采用蓄热系数大的材料; 加强北向和东西向厚度及保温层; 南向不做保温, 另太阳辐射可以加热墙体, 并向内通过长波辐射的方式传热。

2. 草砖墙面保温构造

240 空心砌块 +250mm 草砖。加大北向和东西向墙体厚度及保温层; 南向墙体考虑白天被动式太阳能得热的效应, 采用厚重墙体材料, 且外部不做保温构造。

3. 屋顶保温构造

混凝土坡屋面 +70mm 聚苯板。

4. 阳光间设计

冬季寒冷气温低，制约了人们出行和生产活动。结合太阳能资源和村镇经济与建筑技术条件，示范住宅集成设置了简单实用、易于建造、高效利用太阳能的"附加阳光间"，室内温度环境改进效果显著，如图 7-20 所示。

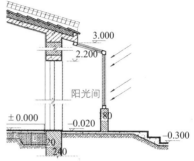

图 7-20　附加阳光间实景与剖面示意图

来源：课题组提供

附加阳光间位于住宅南侧，阳光间占地面积 12.5m²，集热面积 24.26m²。将具有大面积玻璃的南向房间作为门廊或者门斗，在屋顶加设部分倾斜玻璃面，倾角 29°，以提高集热量。冬季阳光通过大玻璃直接照射到室内，大部分太阳能被围护结构墙体吸收、贮存并转换成长波辐射，从而使房间空气温度升高。同时，阳光间与毗邻房间之间加设玻璃窗、隔断门或者棉帘，减少夜间室内热量通过玻璃窗散失，有效解决阳光间夜晚保温问题。在具体施工操作时结合当地村民生活、生产习惯，阳光间玻璃可以不直接落地，下面留有 800mm 高的矮墙，避免由于生产操作或堆放杂物时撞碎玻璃。

考虑到进一步降低附加阳光间的建造成本，也可以采用农用聚氨酯薄膜代替玻璃。在西北地区乡村，农用薄膜极为常见，且价格低廉，性能和玻璃接近。施工中可以只安装阳光间的固定框架和部分玻璃，薄膜采取冬季覆盖，夏季拆除的方式，在保证采暖效果的同时完全解决了阳光间夏季过热问题。但使用中需注意防火问题。

附加阳光间在造价增加不多的前提下，提高了冬季室内温度，同时扩大了生活使用空间，被当地农民接受并受到欢迎。

5. 抗震设计

原有民居普遍缺乏抗震设防，当地为 8 度设防地区。新民居参照有关要求，设置了构造柱与圈梁，提高了结构整体性，保证了结构安全。

6. 能源结构分析

由于本地所用能源正在发生转换。一方面，直接燃烧农作物秸秆减少。过去冬季采暖多用农作物秸秆烧炕。近年来，由于附近养殖业的高速发展，农户天地里面的干稻草被按照 400 元 /t 的价格收购走，造成了生活、采暖用能转向商品能的趋势十分明显。

目前，冬季采暖用能多为石嘴山产无烟煤，银川当地价格约为 1000 元 /t，调查显示多数农户冬季需要 2 ~ 4t，则总费用为 2000 ~ 4000 元。相当于 1 口人的年农业收入，负担沉重。因此，在新建示范民居中需要考虑新型能源和提高现有能源利用效率，从这两个方面解决问题。其中，新型能源主要包括太阳能与生物质能源的利用。

设计中，一方面争取最大限度地使用太阳能、植物秸秆作为冬季辅助热源，减少煤炭消耗量。通过设置阳光集热间、直接受益窗、太阳能热水器等吸收和转化太阳能；通过砌筑火炕等燃烧农作物秸秆取暖。另一方面，通过提高围护结构性能，改进炉具提高能源利用率。

7.4.6 规划设计与管理

1. 规划建设用地条件

为配合宁夏回族自治区危房改造、新农村建设的行动，合并自然村，提高生活配套标准，采用异地新建的方式。规划用地在原四组、五组的基础上，共征地 22.45hm²，拟规划建设 228 户，建筑面积约 4.9 万 m²。规划总户数用地范围在惠农渠、银横公路、排水沟三面为界的区域内，向西南方向至鱼池边界，居住部分离开银横公路 50m，之间通过绿化带隔离。如图 7-21、图 7-22 所示。

图 7-21 碱富桥村生态示范区总平面图

来源：课题组提供

图 7-22　碱富桥村生态示范区总体鸟瞰图

来源：课题组提供

2. 操作管理与实施模式

1）土地调整

总体原则：通过土地流转、增减挂钩的方式解决土地问题。

在碱富桥村，原有农户宅基地占地较大（主要分三类：1.5 亩、1.0 亩和 0.6 亩）。新建示范民居在户型结构上作了变革，在减小了面宽的同时增加了进深，从而节约了土地面积。除公共设施占地外，新宅基地约为 0.42 亩，折合 280m²。和现状民居相比，大约有一半以上的差值，通过集中建设示范民居可以整理出大量土地用于复垦或作为村集体从事工商业加工使用。

按照规划总户数 228 户计算，假设以前的宅基地平均占地为 1 亩，则新建小区可以节省出大约 132.3 亩土地，并且这部分土地可以通过资金补偿返还农户，用于改善居住生活。相对集中建设居民点，也可以提高社区基础设施配套水平。

2）资金方面

工程预决算表现，新建示范民居单方造价 1000 元 /m²（含室外配套）。大致由两部分构成：农民只需要出 650 元 /m²，其余主要来自政府筹集资金。

（1）农民投入：实际上，农民通过原有宅基地与新宅基地土地置换，取得的补偿款占了总支出的大头。当地耕地价格目前为 5 万元 / 亩，每户大约可以得到 2.9 ~ 5.4 万元宅基地补偿，可以折合成 44.6 ～ 83.1m²。若每套民居按照 80m² 计算，则意味着那些原宅基地较大的农民不需要再支付任何费用即可住进新房；原宅基地较小的农夫也仅仅需要再支付剩下的一部分即可。也就是说，通过集约建设和土地整合，有效控制宅基地面积的方式，解决了农民的居住问题，同时也没有过分增加农民的经济负担。

（2）政府投入：在居住建筑土建工作之外，示范小区的场地平整、道路、绿地、活动小品等设施也需要使用一定的土地，消耗一定的投资。据测算，折合到土建面积中，大约需要增加成本约 350 元 /m²。

组织者积极地通过多种方式，筹集和整合危房改造、自来水改造、新农村建设、沼气建设、太阳能示范等政府专项资助款，再通过其他税费减免政策，基本可以在财务上做到平衡，解决居住建设资金问题。

3）设计方面

充分发挥住户参与的作用，在资料收集、设计目标确定、基本户型方案、功能布局、建筑造型等环节都有村民参与控制。最终，当取得村民认可签字后进行施工图设计和实施建设。这样的民居建筑充分体现了村民的要求。

当然，专业人员也有责任和义务对方向进行引导和把握。研究人员向老百姓充分解释和说明设计的意图，未来民居发展的方向，当地民居面临的主要矛盾等，争取村民的理解和支持。

在满足村民关于基本使用功能、造型等要求的基础上，研究人员充分考虑了环境问题、经济问题、资源问题、人员问题等，使得方案满足现实和未来的需要。

设计工作大约经历了如下阶段：基础收集资料，时态调查，找问题；方案创作，解决问题；方案意见征询，老百姓投票参与表决；再修改，施工图设计。

4）建设方面

为保证施工质量和基本概念的实施，在统一设计的基础上，示范项目采取统一施工的方式，交钥匙工程。

资质的施工企业在质量和成本控制方面相较个人而言都有明显的优势，并且保证了示范项目的顺利按图实施。

当然，由村民组成的委员会委托的监理企业负责监督工程质量。

3. 规划设计研究

小区远离公路，空间完整，减小干扰。近 30 年间修建的乡村民居往往都是直接临近道路修建，形成特殊的肌理。虽然因为距离道路较近，便于生产生活利用道路设施，但是也带来很多不利，譬如：生活受交通干扰噪声较大，出行也不安全，尤其是小孩玩耍时。还有就是受制于道路的走向，建筑很难做到正南正北的朝向。在西北荒漠化地区冬季寒冷，往往又以北风为主，因此这样的布局方式即使消耗了大量能源，室内温度仍然较低。

考虑到上述现状中的问题，示范小区的规划改变了一般的直接沿路而建的格局，加大与道路的间距，之间设置 50m 宽绿化带，减小道路对内部干扰，形成相对完整的小区室外空间格局，有利于小区环境的安静。同时，在小区内没有公路走向的影响，可以严格按照日照、风向等因素安排房屋朝向，有利于节能。

由于受具体条件所限，示范点除了具有西北地区的共同自然特点外，因其所处的特殊地理，也有鲜明的个性特征。具体而言：①由于地处黄河平原灌区下游末端，距离黄河不足 2km，地表水水量季节变化大，夏季地下水位较高，冬季水位低，且盐碱化严重。夏季地面水充沛，空气潮湿；冬季干涸，土地裸露，空气干燥。给居住建筑的防潮、防水、防侵蚀破坏提出了很多要求。②夏季地面水充沛，池沼分布较广，植物茂盛，周边自然环境质量较好，有一定的旅游资源，可以发展农家乐旅游业，改善产业结构，提升家庭经济收入。

在规划用地内有一座常年有水的水塘，夏季芦苇茂盛，可以利用它作为今后小区室外绿化场地的水域面积部分。

7.5 示范生态民居与传统生土民居实验与分析

7.5.1 实验对象

测试选取传统生土民居和新建示范生态民居各一栋，两栋建筑南北相距小于 1km，周边自然环境相近。对两栋建筑分别进行建筑热工测试和室内热舒适性测试，现分别介绍两栋建筑情况。

1. 传统生土民居

传统民居的主体为一排五个房间，建筑南北朝向，略微偏东，带有独立庭院。五个房间分为两部分，西部三间相通，房门开在中央房间，该房间有炕为卧室，西侧房间为客厅和卧室的混用房间，安装有煤炉，东侧房间为储藏间，无采暖设备。东部两间中东侧房间为卧室，西侧房间为客厅。房屋室内净高 2.5m，建筑面积 114.24m²。建筑地基深 200mm，铺砌块石，外墙墙基为 300mm 高实心黏土砖，内外墙体均由 400mm 厚土坯砌筑。墙体外侧草泥抹面，东向和南向外立面白灰粉刷。木构平屋顶结构一根脊梁承重，上面搭三条桁条，铺椽子。上覆芦苇席，铺稻草保温，抹 200mm 厚草泥。房间室内糊纸吊顶，地面铺黏土砖。该建筑常住人口是一对老年夫妇，儿子儿媳和孙子孙女共 6 人。

本次测试在最东边的起居室进行，该房间是该民居中使用较多的房间。起居室有两扇相同的木框窗，宽 1300mm，高 1500mm，窗台高 1050mm，窗间墙宽 2000mm。

传统生土民居平面与测点布置如图 7-23 所示。

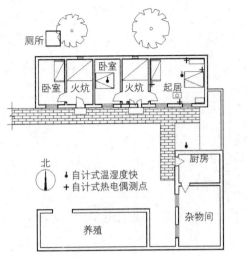
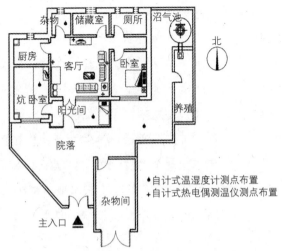

图 7-23　传统生土民居院落及测点布置

来源：课题组提供

图 7-24　示范民居院落及测点布置

来源：课题组提供

2. 新建示范民居

该住宅于 2007 年 3 月投入使用。单层带院，住宅占地面积 278m²，南北朝向，建筑面积 124.8m²。南面外墙采用空心黏土砖，370mm 厚；其南向做铝合金框双层玻璃阳光间，阳光间下部为高 600mm、厚 180mm 空心黏土砖墙体；东西北向外墙为 490mm 厚复合墙体：外侧为 250mm 厚草砖，内侧为 240mm 厚空心黏土砖墙。屋顶为现浇钢筋混凝土坡屋顶，上覆盖 100mm 厚稻壳板或麦壳保温板，做外防水层。外墙立面均做 20mm 厚石灰砂浆抹灰。室内吊顶后高约 2.9m，阳光间高度约 4.5m。客厅外墙上 900mm 高处安装塑钢推拉玻璃窗，上部带亮子，外设纱窗窗扇，无外遮阳设施，尺寸为 2100mm×1700mm，窗面积 3.57m²。建筑入口处为双层玻璃围合的阳光间，阳光间西侧为炕房，客厅与阳光间相连，客厅东侧为一卧室。北侧设有卧室、卫生间和厨房。室内各房间设置暖气取暖，暖气由西北侧厨房中的锅炉提供热源。住宅前庭院内留有菜地，东侧庭院预留沼气池。院落地面铺设空心黏土砖。该建筑常住人口是两位老人。

新建示范民居院落平面及测点布置如图 7-24 所示。

7.5.2　测试方案与验证

1. 实测时间

冬季测试：2008 年 12 月 10 日至 12 月 11 日之间进行，测试期间均为晴天。

2. 测试内容

新传统生土民居室外空气温湿度、太阳辐射量，民居内各房间的室内，温湿度，房间围护结构内外表面温度，室内热舒适度以及室内照度。

3. 测试项目与器材（表 7-2）

测试项目与器材参数表　　　　表 7-2

测试项目	测试仪器	仪器参数
室内外温湿度	175-H2 自计式温湿度计	操作温度：-20.0 ~ 70.0℃，精度 +/-3.0%rF，分辨率 +/-0.1%rF
太阳辐射	TBD-1/2 辐射计	测量范围 0 ~ 2000W/m²，灵敏度系数 11.958 μ V/(W·m²)
室内热舒适度	CASSLER IAQ 室内热舒适仪	
室内四壁、顶棚及地板表面温度	热电偶测温仪	测量范围：-50 ~ +50℃，分辨率：0.01℃，误差：<±0.05℃
室外围护结构表面温度	红外测温仪	测量范围：18 ~ 260℃，精度 0.1℃
室内照度	TES 1332A 照度计	测量范围：20/200/2000/20000lx，分辨率：0.01lx|(1330A,1334A) & 0.1lx(1332A) 准确度：±3% rdg ± 0.5% f.s.(＜10000lx)，±4% rdg ± 10dgts (＞10000lx)

来源：课题组提供。

室外温湿度在 2008 年 12 月 10 日到 11 日进行了连续 48h 测试，太阳辐射在 10 日进行了整个白天的测试，围护结构内表面温度采用自记式热电偶测温仪在 10 日进行了整日测试。此次测试只有一台室内热舒适仪，因此新传统生土民居不能同时进行热舒适的测量，12 月 10 日整日进行新民居的室内热舒适测试，11 日整日进行传统生土民居的室内热舒适测试。所有测试仪器测试时间间隔为 30min。

7.5.3　测试结果与分析

传统生土民居与新民居距离很近，因此视两者的室外热环境相同，两民居采用相同的太阳辐射量和室外温湿度数据。

1. 太阳辐射

测试当日 (12 月 10 日)，太阳在 6：00 左右升起，18：00 完全日落，日照时间接近 12h，日照时间内太阳总辐射平均强度约 0.37kW/m²，峰值为 0.62kW/m²，出现在中午 13：00。太阳直射辐射强度可达总辐射强度的 77.4%，当地具有丰富的太阳能资源。

测试日室外水平面太阳辐射强度如图 7-25 所示。

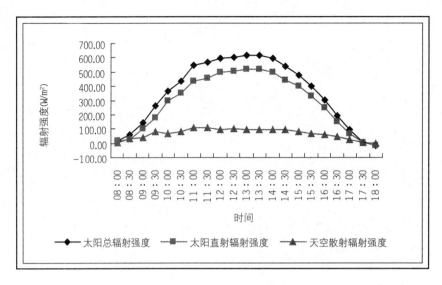

图 7-25 室外水平面太阳辐射强度

来源：课题组提供

2. 室外空气温度

测试时间为 12 月 10 日 7∶00 到 12 日 7∶00，室外平均气温为 0.3℃。10 日室外空气温度变化较大，范围在 –2.4 ~ 7.1℃之间，平均温度为 2.4℃，最高温度与最低温度分别出现于下午 14∶00 与晚上 23∶00；11 日室外空气温度明显降低，平均温度为 –1.6℃，最低温度 –6.4℃，出现在凌晨 5∶00，最高温度 5.1℃，出现在下午 3∶00。测试日室外空气温度如图 7-26 所示。

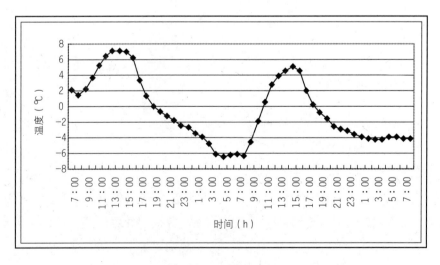

图 7-26 室外空气温度

来源：课题组提供

3. 新旧建筑对比分析

通过两天分别对传统生土民居及新民居建筑热环境的全面测试，经过对比分析研究，得出如下对比：

1）气温

新民居建筑的保温性能优于传统生土民居建筑。12月10日，室外平均气温2.4℃，新民居室内平均气温14.8℃，高于室外气温12.4℃；12月11日，室外平均气温为–1.6℃，传统生土民居室内平均气温8.8℃，高于室外气温10.4℃。新民居建筑比传统生土民居建筑将室内外平均气温差提高了2℃。新民居建筑保温性好的主要原因是构造合理科学，而传统生土民居外墙沿用传统构造方法，两种外墙的构造差异使得新民居建筑既有优良的保温性能，也具有更好的坚固耐久性以及更好的防水性能。此外南向的阳光间的存在也提高了日间室内的空气温度，而且也为住户提供了一个日间温暖的活动空间。室内空气温度对比数据如图7-27所示。

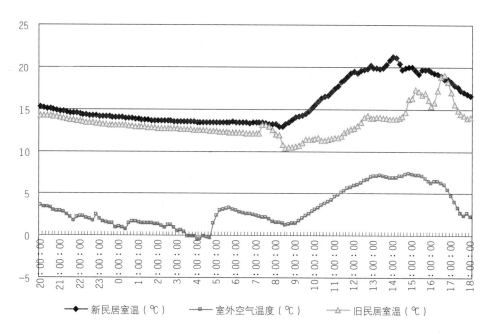

图7-27 测试期冬季室内温度比较

2）湿度

新民居室内平均空气相对湿度为34.8，传统生土民居室内平均空气相对湿度为52.6，都符合我国《室内空气质量标准》(GB/T1 8883–2002) 规定的30%～60%。两者相比，新建示范民居室内空气相对湿度明显低于新民居，主要在于建材与构造方法。室内相对湿度对比数据如图7-28所示。

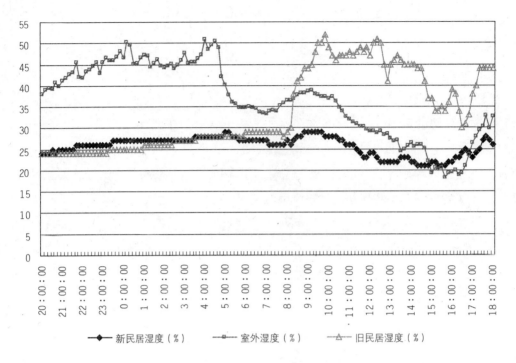

图 7-28　测试期某天冬季湿度比较

3）壁面温度

在日间 8：00 ～ 18：00 之间，新民居客厅壁面温度在 12℃ ～ 18℃ 之间波动，传统生土民居起居室温度在 8 ～ 14℃ 之间波动，新民居建筑室内壁面温度明显高于传统生土民居建筑。其主要原因也是围护结构构造不同造成的差异，此外新民居建筑的提高对于太阳的利用，南向开窗宽 2100mm，高 1700mm，客厅南向窗墙比 0.21；传统生土民居客厅有两扇相同的木框窗，宽 1300mm，高 1500mm，客厅南向窗墙比 0.12。新民居提高了南向的窗墙面积比，提高了日间对太阳能的利用，同时增强了外围护结构的保温性能，因此室内壁面温度有较明显的提高。

4）热舒适性

室内热舒适仪通过测量房间的空气温湿度、黑球温度以及室内风速来计算出房间的热舒适指标 PMV，图 7-29 是新传统生土民居客厅的 PMV 比较结果。从图中可以看到，新民居的室内热舒适感明显优于传统生土民居，特别是在上午和夜间，两者热舒适感差距交大，在下午 16：00 ～ 18：00 之间，两者热舒适感基本相同。这和上面分析到的新民居在室内空气温度、室内壁面温度高于传统生土民居相应参数的结果是相一致的。

7.5.4　示范民居建筑性能评价

银川市在热工分区上属于寒冷地区，居住建筑设计应当保证冬季保温的要求，通过本次测试可见，新民居建筑在室内气温、壁面温度以及室内热舒适性等多项室内热环境参数方面都优于传统生土民居建筑，在严寒的冬季能够为住户提供温暖的生活环境。此外，新民居建筑在自然采光方面也有很大的提高和改进。

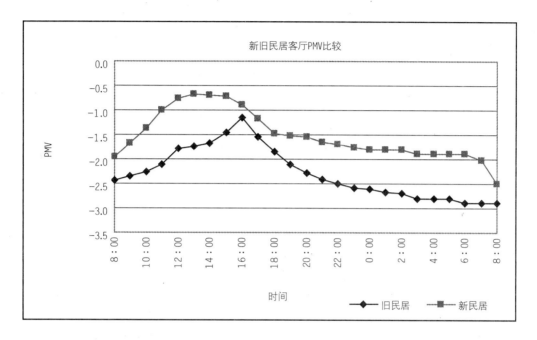

图 7-29　新传统生土民居客厅的 PMV 比较

来源：课题组提供

8 结论

8.1 结论

民居建筑在演进过程中出现诸多问题的根本原因在于，乡村民居建筑问题长期得不到应有的关注，也缺乏足够的研究，严重地制约了农村生活水平的提高和经济与环境的协调发展。具体而言，传统居住建筑空间和环境质量无法满足现代生活的需求，不知如何去调整变化，导致传统建筑经验正在迷失。同时，新修建的民居缺乏相应理论指导，多为简单搬用城市建筑的做法，失去与具体环境的依存关系，转向盲目地模仿城市现代建筑，或者一味地、不合时宜地新建文物建筑的错误路线。

乡村民居演变中出现的问题，既不是单纯的功能与形式矛盾，也不是简单的技术与经济冲突，更不是一般的能源与环境压力，而是多种矛盾相互交织的产物。因此，需要相应地建立民居建筑模式理论关系以解决乡村民居问题。

社会处于不断发展的状态，作为生活容器的民居建筑理应在空间与技术上面作出相应的改变，而那些将原本合二为一的自然属性和社会属性剥离开，片面处理问题的做法，势必造成居住质量普遍差、环境压力大等缺陷。

本书从建筑本体论角度出发，分析和评价民居建筑的影响因素，提出民居建筑模式理论是民居发展的关键；立足于建筑设计角度，针对快速发展的社会背景下，农村新型民居建筑模式研究领域的缺失，以该地区民居发展中存在的共性关键问题为工作对象，注重民居生态建筑模式的探索，以解决民居发展中的普遍问题。以我国西北荒漠化地区民居设计为例，探讨乡村民居模式，本书得出如下研究结论：

（1）通过与城市集合住宅、公共建筑的对比研究，包括环境决定程度、建筑间的相互影响、建筑单体参数特性（体形系数）、经济承受能力（造价）、技术的普及性、使用者的差异、功能的重要性等，找出之间存在的差异性，提出农村民居建筑设计的根本问题和设计排序原则。

民居建筑产生的原因和根源受人的需求和外部自然、社会环境制约。建筑发展和演变需要在自然与社会环境承载力的范围内确定目标与具体技术路线，不能突破外界条件制约。

与城市相比，乡村人的谋生手段和价值观存在区别，民居的使用者对建筑的要求也不相同，而且其外部约束条件也有区别，社会、经济与技术基础均有差异，设计目标和标准也不一样，因此照搬现代功能主义建筑的理论显然不合适。

当前，西北乡村建筑的主要矛盾不是功能与形式的关系问题，而是不断增长的舒适性、便利性与环境、能源、经济有限的负荷能力之间的矛盾，因此需要提出并建立相应的理论框架。

（2）运用本体论探讨民居建筑起源与发展的主要动因、矛盾和缺陷，明确了民居建筑的发展规律：基本目标（庇护）的唯一性和表现形式的多样性。

人、建筑与自然环境之间是否形成平衡关系标志着建筑是否符合自然条件、社会条件和人的生理需求，这是建筑发展的原因和动力。

通过生物多样性原理，多样化表达是建筑对外部条件（自然与社会条件）的理性反应，是生态建筑的真实状态。生态建筑的目标、标准、途径和表现方式等应随研究对象变化，多样性是理性、合理的表达方式。

（3）借用生态学和环境决定论基本原理，分析了民居建筑系统与外部环境之间的相互关系，提出民居建筑像生物体一样具有环境决定论特性和适者生存优胜劣汰的规律，多样性表达的理性需求。建筑同时具备自然和社会属性，是介于自然科学和社会科学之间的一种交叉事物，是出于满足自身需求和外部约束条件共同作用的结果，处于内外交接的界面，是内部因素和外部条件的矛盾产物，也需要同时符合自然规律和社会规律制约。

基于此，受环境决定论与选择进化论作用，西北荒漠化乡村民居发展过程需妥善处理与自然环境的关系，尤其是气候条件。即使因为行为与功能的变化，突破了原来的形态，也需要找到新形态与气候条件的内在关系。

（4）建立民居建筑是内部因素和外部条件共同作用的理论，提出适合西北荒漠化地区条件的建筑设计模型，继而对设计方法进行了探讨，结合示范项目工程实例探讨荒漠化地区的民居建筑模式。

民居建筑的发展需要新的形态模式、设计方法，需要在选择性继承传统建筑经验的基础上，超越具体的建筑功能、造型和技术问题，基于内部因素与外部因素的共同作用，对设计因子进行优化排序。

西北地区幅员辽阔，各地具体条件千差万别，不能一概而论，存在着相对典型的共同特征和关系。民居设计中需要面临不同的局部气候特征，不同的生产方式，不同的经济条件，不同的人。这些因素的复杂组合决定了不能采取某种固定的技术措施和空间形态去解决多样化的居住问题，需要借助于模式理论的帮助，提取建筑与相关因素的模式关系，找到具有普遍意义的方法。

　　按照人、气候、环境、经济等不同标准，可以将西北地区的民居划分成不同的类型。每种类型的主要矛盾是唯一的，这样就可以确定各类型的主要需求同建筑空间之间的应对关系，即确定了建筑模式的基本关系和雏形。

　　根据建筑的基本形成规律，在众多因素中，按照对民居作用力的主次和大小排序，得出组合关系和抽象的模式组合，是把握不同类型民居设计关键问题，有利于建筑模式的确定。

8.2　后续研究内容与展望

　　乡村民居建筑设计理论体系的完善。虽然研究过程注意到乡村民居与城市建筑的差异性，并试图从此入手解决设计的理论问题。但是，由于受到教育背景和职业习惯的影响，研究过程难以完全跳脱现代建筑功能主义思想的局限性，对民居研究总是离不开谈论其功能问题，而这对乡村民居是不公平的。迫切需要制定和完善适合乡村实际条件的居住建筑设计理论体系和方法，只有这样才能促进其生态化发展。

　　本书虽然指出民居生态化发展需要限定在资源承载力范围以内，但是西北荒漠化地区所涉及的自然与社会条件十分复杂，组合方式千变万化，对民居的影响因素也很难逐一确定。本书仅从理论层面对影响因素作了分类、归纳和排序，建立了相关的理论模式关系。但是，是否还涉及其他元素，或者说这些元素的作用和权重是否恰当，后续研究还需在实践中进一步验证和完善。

　　生态建筑表达形式多样性要求建筑技术的地方化、具体化。西北荒漠化地区尽管有相对典型的自然与社会特点，但是还需注意到不同地方的差异。后续工作应根据需要按照地理、气候或行政分区作进一步的深入研究，并通过设计实践验证技术的适宜性。

住户姓名	性别	年龄	调查时间	调查人

一、旧民居居住现状调查

1. 家庭常住人口数为：□ 2　　□ 3　　□ 4　　□ 5。

分别为：＿＿＿＿＿＿＿＿＿＿＿。

2. 现居住房屋使用时间：＿＿＿＿＿年。

3. 现宅基地占地面积＿＿＿＿亩；平面尺寸为：长＿＿＿＿m，宽＿＿＿＿m。

4. 现住房间数＿＿；平均每间房子开间尺寸＿＿，建筑面积＿＿；建筑层高况＿＿m。

5. 主要住房朝向情况：□正南正北 □东西向 □其他：＿＿＿＿。

6. 住房内的主要行为类型（功能）：＿＿＿＿＿＿＿＿＿。

7. 现有院落中的主要功能：＿＿＿＿＿＿＿＿＿。

对于自家院落，整体评价：□不满意　　□较不满意　　□一般

　　　　　　　　　　　　□较满意　　□满意。

具体改进之处：＿＿＿＿＿＿＿＿＿＿。

8. 现住房的主要建筑材料类型：□土坯房　　□砖房。

9. 外墙厚度＿＿＿＿cm；窗户构造＿＿＿＿；现有户门构造＿＿＿＿；屋顶构造＿＿＿＿。

10. 火炕使用状况：□是　　□否　　□其他：＿＿＿＿。

11. 对于村落环境，整体评价是：□不满意　　□较不满意　　□一般

　　　　　　　　　　　　　　□较满意　　□满意。

12. 基础设施配套供应情况：

室外公共道路场地硬化水平：□是　　□否。

室外环境绿化水平：□好　　□不好。

自来水供应：□有　　□无。

电力供应：□有　　□无。

煤气：□有　　□无。

13. 对于生活垃圾的处理方式：□分类收集　　□随意排放　　□其他：_____。

对于粪便的处理方式：□堆肥　　□随污水直接排放　　□其他：_____。

对于污水的处理方式：□泼洒处理　　□沉淀再利用　　□排放到水沟

　　　　　　　　　□其他_____。

14. 现在的房屋优点有哪些：_____。

15. 现在的房屋缺点有哪些：_____。

二. 旧民居物理环境调查

（一）热环境状况

1. 冬季白天：□冷　　□不冷；

冬季晚上：□冷　　□不冷。

夏季白天：□冷　　□不冷；

夏季晚上：□冷　　□不冷。

2. 现有居住房间中，冬季哪个房间最冷：_____。

夏季哪个房间最热：_____。

3. 白天人在家时，冬季堂屋（客厅）对外的户门为：□开启　　□关闭。

堂屋对外的门为：□开启　　□关闭　　□视情况而定。

4. 湿度感受状况

冬季房间湿度感受：□潮　　□不潮。

夏季房间湿度感受：□潮　　□不潮。

5. 当感觉很热的时候，解决的措施：_____。

当感觉很冷的时候，解决的措施：_____。

6. 对于室内的冷热环境，您的总体满意程度：□满意　　□不满意。

原因：_____。

（二）室内通风

1. 对室内灰尘、风沙的舒服情况判断：□在意　　□不在意　　□无所谓。

2. 冬季采暖期，室内空气是否新鲜：□是　　□否　　□无所谓。

3. 您对室内通风情况的判断：□好　　□不好。

4. 如果觉得不好，是在：□冬季　　□夏季。

5. 哪个地方的通风最不好？_____？

（三）采暖能源结构及数量

1. 冬季用于炊事和采暖的燃料的种类：□煤炭　　□柴禾　　□电力　　□其他：_____。

2. 大概估计燃料的使用数量为_____，折合_____元/年。

（四）光环境

1. 白天堂屋的采光情况：□好　　□不好；

白天卧室的亮度情况：□好　　□不好。

2. 晚上室内照明是否满意：□是　　□否　　□无所谓。

（五）声环境

1. 对外来的噪声是否介意：□在意　　□不在意　　□无所谓。

2. 晚上睡觉时，堂屋和其他卧室的动静是否影响休息：□是　　□否　　□无所谓。

三. 对新型民居的意向调查

（一）功能方面

1. 堂屋（客厅）需要增加的新功能为_____。

堂屋（客厅）是否需要直接对着室外：□是　　□否。

堂屋（客厅）是否需要直接与卧室相通：□是　　□否。

堂屋（客厅）是否需要直接在后墙上开窗：□是　　□否。

2. 在现有基础上，希望新卧室的面积：□增大　　□减小。

在现有基础上，理想的卧室间数_____；理想的朝向_____。

3. 厨房的位置：□室内　　□室外　　□无所谓。

4. 卫生间的位置：□室内　　□室外　　□无所谓。

5. 是否希望保留院落：□是　　□否　　□无所谓。

院落需要考虑的功能有：_____。

院落是否考虑绿化：□是　　□否　　□无所谓。

6. 新民居围墙形式：□封闭围墙　　□空透围墙　　□不要围墙。

7. 附图中的建筑平面，最满意的是：□A型　　□B型　　□C型

　　　　　　　　　　　　　　　　　□D型　　□E型　　□F型。

（二）空间的利用

1. 新型住宅的意向层数：□1层　　□2层　　□3层。

2. 若将原有平屋顶改为坡顶，减少晾晒空间的做法接受程度：□是　　□否

　　　　　　　　　　　　　　　　　　　　　　　　　　　□无所谓。

3. 对新建筑独立还是联合建设：□独栋　　□联排。

4. 关于建筑层高：□维持原样　　□增加层高　　□减小层高。

（三）立面造型

1. 对于新房，您倾向于：□平屋顶　　□坡屋顶。

原因为＿＿＿＿＿＿＿＿＿＿＿＿＿＿＿＿＿＿＿＿。

2. 外表装饰的需求：＿＿＿＿＿＿＿＿＿＿＿＿＿，喜好的色彩：＿＿＿＿＿＿＿＿＿＿。

3. 是否愿意加大南向窗户：□是　　□否　　□无所谓。

（四）材料与造价：

1. 如果再盖新房，您选择（□土坯房　　□砖房），主要原因是＿＿＿＿＿＿＿＿＿＿＿

＿＿＿＿＿＿＿＿＿＿＿＿＿＿＿＿＿。

若二者造价相同，您选择（□土坯房　　□砖房），因为：＿＿＿＿＿＿＿＿＿＿＿＿

＿＿＿＿＿＿＿＿＿＿＿＿＿＿＿＿。

若二者性能相同，您选择（□土坯房　　□砖房），因为：＿＿＿＿＿＿＿＿＿＿＿＿

＿＿＿＿＿＿＿＿＿＿＿＿＿＿＿。

2. 对新房可承受的造价情况：＿＿＿＿＿＿＿元 /m^2。

3. 是否愿意增加太阳能阳光集热间：□是　　　□否。

（五）采暖方式与费用

1. 是否愿意继续使用火炕和煤炉取暖：□是　　□否　　□无所谓。

2. 是否愿意使用暖气采暖：□是　　□否　　□无所谓。

3. 冬季采暖费用多少可以接受：□<2000元　　□2000～3000元　　□3000～5000元。

4. 冬季室内温度方面：□维持原状（不脱外衣，10℃）　　□略微提高，暖和感（15℃）

□像城里温度一样（18℃）。

四. 对新型民居的使用满意度调查

1. 对于新建村落环境，您的整体评价是：□不满意　　□一般　　□满意。

2. 对于新建民居院落，您的整体评价是：□不满意　　□一般　　□满意。

3. 您对新建房间布局的整体评价是：□不满意　　□一般　　□满意。

如果不满意，请说明原因：＿＿＿＿＿＿＿＿＿＿＿＿＿＿＿＿；希望有哪些改进：

＿＿＿＿＿＿＿＿＿＿＿＿＿＿＿。

4. 您对房屋的外观造型的整体评价是：□不满意　　□一般　　□满意。

如果不满意，请说明原因：＿＿＿＿＿＿＿＿＿＿＿＿＿＿＿＿＿＿＿＿＿。

5. 您对新住房所用建筑材料的评价是：□不满意　　□一般　　□满意。

如果不满意，请说明原因：＿＿＿＿＿＿＿＿＿＿＿＿＿＿＿＿＿＿＿＿＿。

6. 这套房屋的价格是＿＿＿＿＿万,您觉得这个价格比预期：□贵　　□一般　　□便宜。

希望的价格是＿＿＿＿＿万。

7. 您对房间布局希望有哪些改进? _____
_____。

8. 对新建住宅冬季冷热环境整体评价: □不满意　　□一般　　□满意。

对新建住宅夏季冷热环境整体评价: □不满意　　□一般　　□满意。

9. 对新建住宅冬季通风的整体评价: □不满意　　□一般　　□满意。

对新建住宅冬季通风的整体评价: □不满意　　□一般　　□满意。

附录B 户型平面图

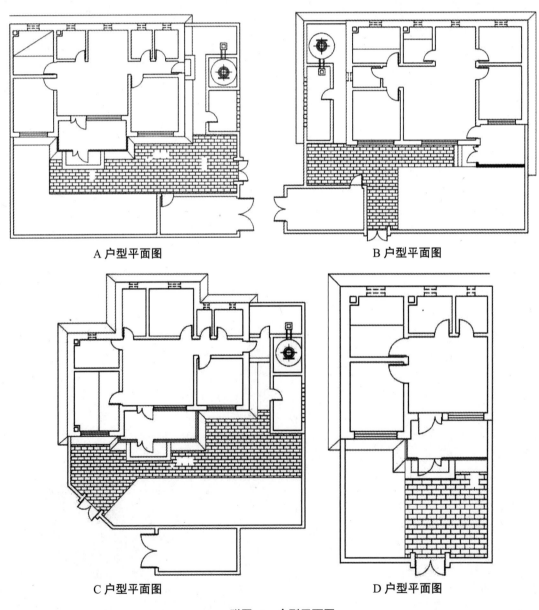

A 户型平面图

B 户型平面图

C 户型平面图

D 户型平面图

附图 -1 户型平面图

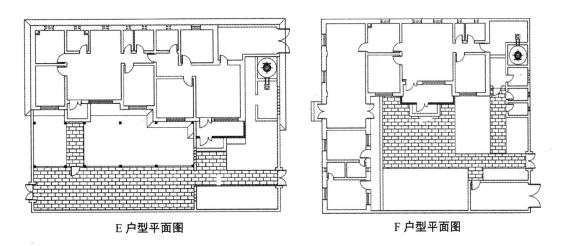

E 户型平面图　　　　　　　　　　　　F 户型平面图

附图 -2　户型平面图

参考文献

[1] 陆元鼎. 中国民居研究五十年 [J]. 建筑学报, 2007（11）: 66-69.

[2] 张轶群. 新世纪新视野中的传统民居再研究 [J]. 华中建筑, 2006, 24（11）: 121-124.

[3] 陆元鼎. 从传统民居建筑形成的规律探索民居研究的方法 [J]. 建筑师, 2005（115）.

[4] Aubreville,A. Climats, forets, et desertification de I'Afrique tropicale[M]. Paris: Societe de Editions Geomorphiques, Maritimes, et Coloniales, 1949: 255.

[5] UNCED. Report of the UN Conference on Environmental Development[R]. New York: UN, 1992.

[6] 慈龙骏, 吴波. 中国荒漠化气候类型划分与潜在发生范围的确定 [J]. 中国沙漠, 1997, 17（2）: 107-111.

[7] 刘拓. 我国荒漠化防治现状及对策 [J]. 发展研究, 2009（3）: 65-68.

[8] UNEP Global assessment of land degradation/desertification-GAP Ⅱ [J]. Desertification Control Bulletin, 1990（18）: 24-25.

[9] UNEP. World atlas of desertification[R]. Lndon: Edward Amold, 1992:69.

[10] 中华人民共和国国家林业局. 2005 中国荒漠化和沙化状况公报 [R]. 北京, 2006.

[11] 刘燕华, 李秀彬. 脆弱生态环境与可持续发展 [M]. 北京, 商务印书馆, 2007: 6.

[12] 王竹, 范理扬, 王玲. "后传统"视野下的地域营建体系 [J]. 时代建筑, 2008（2）: 28-31.

[13] 丁一汇, 王守荣. 中国西北地区气候与生态环境概论 [M]. 北京: 气象出版社, 2001: 5-9.

[14] 于法稳. 西北地区生态贫困问题研究 [J]. 当代生态农业, 2005（2）: 27-30.

[15] 联合课题组. 对新疆农民收入和消费的调查 [J]. 农村金融, 2006（1）: 34.

[16] 娜拉, 宋仕平. 宗教社会学视角下的西北少数民族传统文化 [J]. 新疆师范大学学报社科版, 2007（1）: 51.

[17] 杨柳.建筑气候分析与设计策略研究 [D]. 西安：西安建筑科技大学，2003：75-119;

[18] 赵群.传统民居生态建筑经验及其模式语言研究 [D]. 西安：西安建筑科技大学，2004：57-131.

[19] 中华人民共和国建设部. GB 50778-93 建筑气候区划标准 [S]. 北京：中国建筑工业出版社，1993：19-103.

[20] 中华人民共和国住房与城乡建设部.太阳能供热采暖工程技术规范 [S]. 北京：中国建筑工业出版社，2009，65.

[21] 银川市政府.银川年鉴 2009 [EB/OL].http://www.yinchuan.gov.cn/publicfiles/business/htmlfiles/yczw/pnj2009/33749.htm.

[22] 王绍周.中国民族建筑 [M]. 南京：江苏科学技术出版社，1998.

[23] 中华人民共和国国家统计局.中国统计年鉴 2009[M]. 北京：中国统计出版社，2009.

[24] 陈晓扬.地方性建筑与适宜技术 [M]. 北京：中国建筑工业出版社，2007：23.

[25] 黎生南.农村民居现状探析 [J]. 长江大学学报（自然科学版）2009，6（1）：309-311.

[26] 中国大百科全书：建筑 - 园林 - 城市规划 [M]. 上海：中国大百科全书出版社，1988：327.

[27] 何泉.藏族民居建筑文化研究 [D]. 西安：西安建筑科技大学，2009：5.

[28] 匡志盈.全球防治荒漠化情况综述 [J]. 世界农业，2006，330（10）：8-10.

[29] 荆其敏，张丽安.中外传统民居 [M]. 天津：百花文艺出版社，2004：1-2.

[30] 王浩锋.民居的再度理解——从民居的概念出发谈民居研究的实质和方法 [EB/OL].http://www.abbs.com.cn/topic/read.php?cate=2&recid=8643.

[31] 慈龙骏.中国荒漠化即其防治 [M]. 北京：中国高等教育出版社，2005.

[32] 中华人民共和国建设部. GB 50352-2005 民用建筑设计通则 [S]. 北京：中国建筑工业出版社，2005.

[33] 中华人民共和国建设部. JGJ 36-2005 宿舍建筑设计规范 [S]. 北京：中国建筑工业出版社，2005.

[34] 中华人民共和国建设部. GB 50096-1999 住宅设计规范 [S]. 北京：中国建筑工业出版社，1999.

[35] 朱昌廉.住宅建筑设计原理 [M]. 北京：中国建筑工业出版社，1999：1.

[36] 中华人民共和国建设部. GBJ 137-90 城市用地分类与规划建设用地标准 [S]. 北京：中国建筑工业出版社，1990.

[37] 邓波.海德格尔的建筑哲学及其启示 [J].自然辩证法研究，2003，19（12）：37-41.

[38] 孙大章.中国民居研究 [M].北京：中国建筑工业出版社，2004：544，615.

[39] MOORE,G. T. New Directions for Environment-behavior Research in Architecture [M]// SNYDER, J.C. Architectural Research. New York：Van Nostrand Reinhold，1984：95-112.

[40] MOORE,G. T.，TUTTLE,D.P., HOWELL,S.C. Environmental Design Research Directions：Process and Prospects[M].New York：Praeger Publishers，1985：3-40.

[41] 李斌.环境行为学的环境行为理论及其拓展 [J].建筑学报，2008（2）：30-33.

[42] 贺雪峰.农民本位的新农村建设 [J].开放时代，2005（4）：39-41.

[43] 郑东军.建筑本体的回归 [J].华中建筑，2007，25（1）：115-116.

[44] 周庆华.黄土高原河谷中的聚落 [M].北京：中国建筑工业出版社，2009：80.

[45] 吴成亮，刘俊昌，包庆丰，苏印泉等.试论西北地区荒漠化社会经济因素影响和相关对策 [J].西北农林科技大学学报，2008，8（2）：36-39.

[46] 刘加平.绿色建筑 [EB/OL]http://blog.51xuewen.com/homepage/index.aspx?userid=68365

[47] 周其仁.通货膨胀与农民 [EB/OL]. http：//zhouqiren.blog.sohu.com/164673934.html

[48] B.吉沃尼.人·气候·建筑 [M].陈士麟译.北京：中国建筑工业出版社，2004：18.

[49] 朱颜明，何岩石等.环境地理学导论 [M].北京：科学出版社，2002：1.

[50] Frodin，D.G.Guide to Standard Floras of the World．Cambridge：Cambridge University Press, 2001.

[51] Begon，M.，Townsend，C. R.，Harper，J. L．Ecology：From individuals to ecosystems[M]. 4th edition．Blackwel，2006．

[52] 蒋高宸.多维视野中的传统民居研究——云南民族住屋文化·序 [J].华中魂筑，1996（14）：22.

[53] 蒋高宸.广义建筑学视野中的云南民居研究及其系统框架 [J].华中建筑，1994，12（2）：66.

[54] 江上小堂.文化载体 [EB/OL].http：//bbs.tianya.cn/list_n001-1.shtml.

[55] 王德军.生存价值观探析 [M].北京：社会科学文献出版社，2008：6.

[56] 贺雪峰.农民价值的类型及相互关系 [EB/OL].2008/-06-0.http：//www.snzg.cn/article/2008/0603/article_10655.html.

[57] 邓玉勇，杜铭华，雷仲敏.基于能源—经济—环境系统的模型方法研究综述 [J].甘肃社会科学，2006（3）：209-212.

[58] GURKAN SELCUK KUMBAROGLU. Environmental Taxation and Economic Effects：A Computable General Equilibrium Analysis for Turkey [J]. Journal of Policy Modeling，2003，8：795-810.

[59] 张彬，左晖. 能源持续利用、环境治理和内生经济增长 [J]. 中国人口资源与环境，2007，17(5)：27-32.

[60] 高昆谊.3E 系统理论与云南生态农业可持续发展 [J]. 安徽农业科学，2008，36(22)：9765-9767.

[61] 清华大学建筑节能研究中心.2009 中国建筑节能年度发展研究报告 [M]. 北京：中国建筑工业出版社，2009：1.

[62] 银川市政府. 银川年鉴 2010[EB/OL]. http://tzb.yinchuan.gov.cn/publicfiles/business/htmlfiles/yczw/ pycrk/1608.htm

[63] 翟亮亮. 西北地区农村民居适宜性建筑技术研究——以银川为例 [D]. 西安：西安建筑科技大学，2010：35.

[64] 宁夏建设厅. DB/047-1999 民用建筑节能设计标准（采暖居住建筑部分）宁夏地区实施细则 [S]. 1999.

[65] 戚欢月. 敦煌荒漠化地区建筑形态的再发展——荒漠地带人居环境积极化初探 [D]. 北京：清华大学，2004.

[66] 慈龙俊. 中国荒漠化研究 [M]. 北京：中国林业出版社，2009.

[67] 何传启. 生态现代化的战略思考 [J]. 科学决策月刊，2007（9）：6-8；

[68] 何传启. 中国生态现代化的战略思考 [J]. 中国科学基金，2007（6）：333-339.

[69] 孙周兴. 作品·存在·空间 [J]. 时代迫筑，2008，（6）：10-13.

[70] 关瑞明，等. 传统民居的类设计模式建构 [J]. 华侨大学学报，2003，24(2).

[71] 陈晓扬. 回应气候的地方建筑技术 [J]. 新建筑，2006（6）：106-109.

[72] 陈晓扬，仲德崑. 适宜技术的节约型策略 [J]. 建筑学报，2007（7）：49-51.

[73] 贺雪峰. 行动单位与农民行动逻辑的特征 [J]. 中州学刊，2006，155（5）：129-133.

[74] 贺雪峰. 中国传统社会的内生村庄秩序 [J]. 文史哲，2006，259（4）：150-155.

[75] 贺雪峰. 中国农村研究的主位视角 [J]. 开放时代，2005，（2）：5-10.

[76] 庄孔韶，赵旭东，贺雪峰，等. 中国乡村研究三十年 [J]. 开放时代，2008，（6）：5-21.

[77] 江亿. 建筑节能与生活模式 [J]. 建筑学报，2007，（12）：11-15.

[78] 江亿. 中国建筑能耗现状及节能途径分析 [J]. 新建筑，2008，（2）：4-7.

[79] 毛刚，段敬阳. 结合气候的设计思路 [J]. 世界建筑，1998，（1）：15-18.

[80] 秦佑国. 建筑技术概论 [J]. 建筑学报，2002，（7）：4-8.

[81]　田蕾，秦佑国，林波荣.建筑环境性能评估中几个重要问题的探讨 [J]. 新建筑，2005（3）: 89-91.

[82]　魏秦，王竹.地区建筑原型之解析 [J]. 建筑，2006，24（6）: 42-43.

[83]　魏秦，王竹.建筑的地域文脉新解 [J]. 上海大学学报，2007,14（6）: 149-151.

[84]　陈洋,张定青,周若祁.西北地区传统住宅生态化发展探讨 [J]. 新建筑,2003（1）: 21-23.

[85]　杨晓峰，周若祁.吐鲁番吐峪沟麻扎村传统民居及村落环境 [J]. 建筑学报，2007（6）: 36-40.

[86]　刘启波，周若祁.生态环境条件约束下的窑居住区居住模式更新 [J]. 环境保护，2003（3）: 21-23.

[87]　李宇，董锁成.水资源条件约束下西北农村地区生态经济发展对策 [J]. 长江流域资源与环境，2003,12（5）: 244-247.

[88]　王云峰.西部生态环境治理与农村经济可持续发展方略探析 [J]. 干旱地区农业研究，2007，25（6）: 244-248.

[89]　邓波，王彦丽.建筑空间本质的哲学反思 [J]. 自然辩证法研究，2004，20（8）: 67-70.

[90]　邓波，罗丽，杨宁.诺伯格—舒尔茨的建筑现象学述评 [J]. 科学技术与辩证法，2009，29（2）: 54-59.

[91]　鞠叶辛，梅洪元.寒地建筑形态地域特征初探 [J]. 低温建筑技术，2004,101（5）: 22-23.

[92]　郑迪,张伶伶,王冰冰.建筑地域技术的哲学含义 [J]. 华中建筑,2008,26(11):4-7.

[93]　高春花.海德格尔的建筑伦理思想及其哲学依据 [J]. 伦理学研究，2010，48（4）: 31-34.

[94] 杜文光.建筑本体论 [J]. 华中建筑，2003，21（1）: 15-21.

[95]　周正楠.建筑的媒介特征——基于传播学的建筑思考 [J]. 华中建筑,2001,19(1): 29-31.

[96]　朱永春.建筑类型学本体论基础 [J]. 新建筑，1999，（2）: 32-34.

[97]　王琰，李志民，赵红斌.基于使用者行为需求的建筑设计模式研究 [J]. 西安建筑科技大学学报，2009，41（4）: 544-548.

[98]　邹颖，刘靖怡."原型"的思考 [J]. 天津大学学报，2008，10（1）: 14-18.

[99]　戚欢月.敦煌荒漠化地区民居浅析 [J]. 建筑学报，2004（3）: 29-31.

[100]　岳邦瑞，王军.绿洲建筑学研究基础与构想 [J]. 干旱区资源与环境,2007,21(10): 1-5.

[101] 李钰，王军.1934—2008: 西北乡土建筑研究回顾与展望 [J]. 西安建筑科技大学学报，2009，41（4）: 556-560.

[102] 李学智."地理环境决定论"的谬误与正确——从孟德斯鸠、黑格尔到马克思 [J]. 中国社会科学院报，2008（8）: 1-2.

[103] 李学智.地理环境与人类社会——孟德斯鸠、黑格尔"地理环境决定论"史观比较 [J]. 东方论坛，2009（4）: 92-96.

[104] 胡冗冗，成辉.西部乡村民居发展与更新问题探讨 [J]. 南方建筑，2010（5）: 48-50.

[105] 谷亚光.不能用现代城市思维处理农村问题 [N]. 中国改革报，2006-7-20（005）.

[106] 刘翔，姜爱兵.重庆市欠发达地区农村住宅的实态调查研究 [J]. 山西建筑，2008，34（3）: 67-68.

[107] 汪丽君.广义建筑类型学研究 [D]. 天津: 天津大学，2002.

[108] 张继良.传统民居建筑热过程研究 [D]. 西安: 西安建筑科技大学，2006.

[109] 雷振东.整合与重构 [D]. 西安: 西安建筑科技大学，2005.

[110] 谭良斌.西部乡村生土民居再生设计研究 [D]. 西安: 西安建筑科技大学，2007.

[111] 王华.基于气候条件的江南传统民居应变研究 [D]. 杭州: 浙江大学，2008.

[112] 贺勇.适宜性人居环境研究——"基本人居生态单元"的概念与方法 [D]. 杭州: 浙江大学，2004.

[113] 周成斌.居住形态创新研究 [D]. 哈尔滨: 哈尔滨工业大学，2008.

[114] 李建斌.传统民居生态经验及应用研究 [D]. 天津: 天津大学，2008.

[115] 李贺楠.中国古代农村聚落区域分布与形态变迁规律性研究 [D]. 天津: 天津大学，2006.

[116] 陈飞.建筑与气候——夏热冬冷地区建筑风环境研究 [D]. 上海: 同济大学，2007.

[117] 吴永发.地区性建筑创作的技术思想与实践 [D]. 上海: 同济大学，2005.

[118] 卢峰.重庆地区建筑创作的地域性研究 [D]. 重庆: 重庆大学，2004.

[119] 杨宇振.中国西南地域建筑文化研究 [D]. 重庆: 重庆大学，2002.

[120] 徐小东.基于生物气候条件的绿色城市设计生态策略研究 [D]. 南京: 东南大学，2005.

[121] 李延俊.河西走廊传统生土民居生态经验及再生设计研究 [D]. 西安: 西安建筑科技大学，2009.

[122] 张雍.银川平原地区新农村建设中的民居地域文化传承研究 [D]. 西安: 西安建筑科技大学，2009.

[123]   孟淼 . 我国村镇建设安全现状调查及问题分析 [D]. 北京：清华大学，2008.

[124]   吕爱民 . 应变建筑——大陆性气候的生态策略 [M]. 上海：同济大学出版社，2003.

[125]   陆元鼎 . 中国民居建筑 (上、中、下)[M]. 广州：华南理工大学出版社，2003.

[126]   刘加平 . 建筑物理 [M]. 北京：中国建筑工业出版社，2009.

后记

乡村建筑研究与设计有别于城市建筑。这是因为两者的起源、发展、演变和建造的原因、目的、手段、技术体系等均存在着本质差别。简单地采用产生于西方发达国家工业革命后形成的以解决"功能和形式"关系为主要目标的现代建筑理论体系和研究方法，恐怕并不适宜我国乡村建筑的实际需求，会出现药不对症，用英语的语法分析汉语语法构成等不恰当情况。因此，如何科学准确地把握乡村建筑的本质是本研究的关键科学问题之一。本书研究工作依托西部荒漠化地区乡村生态建筑研究与建设案例，就上述问题作了初步思考和探索，成为笔者后续研究的开端。以此为契机，申请了两项国家自然科学基金面上项目的资助。

在自然条件恶劣、经济落后、文化复杂的中国西部地区，对于乡村建筑而言，首要解决的问题是实现居住质量的提升，以满足人们日益现代化的生活需求。在此过程中，需要协调建筑与环境的关系，提高资源的利用效率，寻求适宜的技术路线，探索多样化的建筑设计表达形式。上述这些内容，综合构成了西北荒漠化地区生态建筑概念的含义。

在课题研究过程中，得到导师刘加平院士引导、鼓励和帮助，让我走入建筑学的研究前沿领域，开拓了人生新视野，确立了研究方向，改变了人生轨迹。在示范工程建设和研究工作中，得到了课题组成员何泉、刘大龙、朱轶韵、梁锐等同仁支持。此外，特别感谢银川市建设局张晓东局长、银川市规划局丁小丽、掌政镇碱富桥村村民的大力支持。

本书是笔者根据课题任务研究，在博士论文的基础上改写而成的。调整了原论文中的某些章节，对文字和论述作了修订和更新，后续研究工作得到了国家自然科学基金面上项目"西北乡村新民居生态建筑模式研究（项目批准号：51178369）"和"现代乡村地与建筑设计模式（项目批准号：51278414）"的持续支持，希望能够推动地区乡村人居环境质量持续提升。